逻辑学的奇妙世界

まったくゼロからの論理学

提升批判性思维和表达能力

[日] 野矢茂树 —— 著
渠海霞 —— 译

MATTAKU ZERO KARA NO RONRIGAKU
by Shigeki Noya
© 2020 by Shigeki Noya
Originally published in 2020 by Iwanami Shoten, Publishers, Tokyo.
This simplified Chinese edition published 2023
by China Machine Press
by arrangement with Iwanami Shoten, Publishers, Tokyo.

This edition is authorized for sale in the Chinese mainland (excluding Hong Kong SAR, Macao SAR and Taiwan).

No part of this book may be reproduced or transmitted in any form or by any means, electronic or mechanical, including photocopying, recording or any information storage and retrieval system, without permission, in writing, from the publisher.

All rights reserved.

本书中文简体字版由 Iwanami Shoten, Publishers, Tokyo 通过 Bardon-Chinese Media Agency 授权机械工业出版社在中国大陆地区（不包括香港、澳门特别行政区及台湾地区）独家出版发行。未经出版者书面许可，不得以任何方式抄袭、复制或节录本书中的任何部分。

北京市版权局著作权合同登记　图字：01-2022-3181 号。

图书在版编目（CIP）数据

逻辑学的奇妙世界：提升批判性思维和表达能力 /（日）野矢茂树著；渠海霞译 . —北京：机械工业出版社，2023.8
ISBN 978-7-111-73601-1

I. ①逻… II. ①野… ②渠… III. ①逻辑学 – 通俗读物 IV. ① B81-49

中国国家版本馆 CIP 数据核字（2023）第 141093 号

机械工业出版社（北京市百万庄大街 22 号　邮政编码 100037）
策划编辑：石美华　　　　　责任编辑：石美华　刘新艳
责任校对：张爱妮　李　婷　责任印制：李　昂
河北宝昌佳彩印刷有限公司印刷
2023 年 10 月第 1 版第 1 次印刷
147mm×210mm・8.125 印张・1 插页・154 千字
标准书号：ISBN 978-7-111-73601-1
定价：59.00 元

电话服务　　　　　　　　　网络服务
客服电话：010-88361066　　机　工　官　网：www.cmpbook.com
　　　　　010-88379833　　机　工　官　博：weibo.com/cmp1952
　　　　　010-68326294　　金　书　网：www.golden-book.com
封底无防伪标均为盗版　　　机工教育服务网：www.cmpedu.com

推荐序

逻辑学是一门具有理论深度的学科，它提供了完善的推理方法和论证方法。对于不同的群体，逻辑学的作用也不同：学习逻辑学课程，可以有效提升批判性思维能力和学术技能；通过逻辑训练，人的思维会更严谨、更合理——既能妥善分析问题，又能清晰呈现自己的想法。

逻辑学构建了专有的语言符号，一些书对逻辑学的表述，从语言建构，到语义解释，再到推理系统，是一种严谨的数学表达形式，这对于没有理工科背景的读者来说有些复杂。这本书的作者教了近40年的逻辑学，熟知该学科抽象、难理解的特点，加之考虑到要利于文科生对此类知识的接受，以"这是一部希望所有人都能读懂的书"为目的，写成了这本书。

这本书把读者对象定为完全不懂逻辑学的人，从日常语言转入符号语言，因而其内容分为两部分，第一篇谈论日常语言中的逻辑，第二篇讲解表述逻辑的符号语言。两部分内容自成体系，第一篇中没有使用符号，用自然语言描述命题，以及命题间存在的逻辑规律，讨论的对象都是日常中的事例，用作者的话说就是："读者即使只学这一部分也会有所收获。"第二篇简要介绍了符号逻辑学，包括什么是逻辑学、逻辑常项的选择和意义、逻辑公式的表达、逻辑规律的符号表示、真值表和有效式，以及逻辑系统，这一部分会使读者"理解作为现代逻辑学基本体系的谓词逻辑是怎么回事"。另外，两部分的内容是衔接的，第二篇是在第一篇的基础上展开的，日常语言中的命题结构、逻辑规律都会在符号语言中再进行专业的解读。读者学习了第一篇以后，会产生逻辑的眼界或意识，第二篇从专业的角度帮助读者厘清思路，正确把握事物之间的某些联系。

这本书的语言表达风趣宜人，用问答的形式指出并解答初学者可能觉得难理解的地方；用大量的事例帮助读者轻松理解；给出习题带读者检验所学所知。

希望读者学习这本书时，能够在轻松的氛围中变得更具逻辑性。

徐康

浙江工商大学东方语言与哲学学院

2023 年 4 月

译者序

逻辑学是一门研究人的思维规律与逻辑方法的科学，它有助于人们提高逻辑思维能力、语言表达能力、成功交际能力、问题解决能力。逻辑学既是一门理论学科更是一门工具学科，它来源于生活也回归生活，渗透在人类社会生活的方方面面。作为认识、思维、表达、论辩、研究等的工具，逻辑学对于人们认识事物、分析问题、表达思想、论辩观点、研究科学等都具有不可或缺的作用。

逻辑学的重要性或许无须赘述，但在很多人的印象中，逻辑学似乎是一门非常难的学科，具有极强的抽象性。诚然，作为一门研究人类思维规律与逻辑方法的学科，逻辑学的确具有一定的抽象性，但它同时也产生于现实生活，绝非一门凭空构想的学科。只要我们掌握了逻辑学的基本规律和学习方法，就能够由易入难、循序渐进地走进逻辑学的世界，甚至迷上它严密性、规划性、创新性兼备的思维魅力。

本书作者野矢茂树作为一名哲学家、逻辑学家，长年在大学讲授逻辑学这门课程，既为逻辑学专业的学生授课，也为非逻辑学专业的学生授课，且一直秉持因材施教、化繁为简、注重实效的教学原则。本书就是其专门为完全不懂逻辑学的人所撰写的逻辑学入门教材，讲授的是基础逻辑学，展示的是逻辑学的基本体系。正如作者所言，逻辑学虽然创制了自己的专用语言，但这些逻辑学专用术语也是基于日常语言而生。所以，不管是否具有逻辑学相关知识，只要会使用语言，就能进入看似复杂难懂的逻辑学世界。

　　本书分为两大部分，分别是"日常语言中的逻辑"和"创制出表述逻辑的符号语言"。第一篇"日常语言中的逻辑"重点谈论日常语言中的逻辑学话题，该篇是进入符号逻辑学之前的准备阶段，对于初学者来说比较容易理解，且具有较强的实用性。相信经过第一篇的训练，学习者一定会在日常生活和学习工作中变得更具逻辑性，提高自己认识、分析、表达事物时的逻辑思维能力。第二篇"创制出表述逻辑的符号语言"简要介绍了运用符号的符号逻辑学。该部分内容虽然相对抽象，但以第一篇的内容为基础，作者在讲述过程中紧紧结合第一篇的内容，并注意前后两大部分之间的衔接和呼应，以便学习者不会感到费解和吃力。

　　本书是作者基于自己在大学的授课内容所写而成，形式上也非常适合逻辑学初学者。先进行讲解说明，然后提出问题并解答分析，之后再出一些练习问题来确认读者的理解程度，书的最后还附有练习问题的详细解答。此外，作者还在初学者容易感到难理解的地方设定问题并进行解答，非常有助于学习者准确深入地理解相关内容。

本书既适合大学文科专业的学生作为逻辑学教材使用，也适合对逻辑学感兴趣并想要在工作、学习、生活中提高自己逻辑思维能力的读者作为思维拓展训练图书使用。学习了本书内容就能够理解谓词逻辑这一现代逻辑学基本体系，并且了解哥德尔的不完全性定理等内容。

让我们跟随作者去认识逻辑学这门奇妙的学问，走进一个更广阔的思维世界。

渠海霞

聊城大学外国语学院教师 北京师范大学文学院在读博士

2022 年 12 月 19 日

前言

授课自然会有对象。不考虑授课对象自顾自地独演，那不是授课。授课需要因材施教，学生变了，授课方式也要跟着变。此外，教科书也得变。我在 1994 年出版了符号逻辑学的教科书，本书是以我目前正在教的立正大学文学部哲学科的学生为对象编写的，与我以前出版的教科书大不相同。

接下来我要讲一个小故事，但绝不是自夸。在立正大学授课时，学期末学生写了这样的感想："感觉老师讲课时希望全员都能听懂！"看到学生写出这样的感想，我很开心。我在上课时常常对他们说："听不懂课，大多时候不是你们的错，而是教师的错。"当然，学生有时候也会上课开小差、走神儿、睡觉，若因此而不明白，那责任在学生。不过，倘若教师授课时认真观察学生的反应，随时掌握其理解程度，就能及时发现一些问题。我已经教了近 40 年的逻辑学，所以，我对课上讲的内容已经十分熟悉。如此一来，便很容易忽略学生不懂的一些难点。在立正大学上课时，我经常出一些问题，时不时到学生中间转一转，观察大家的接受情况，在下课时会让大家把答案交上来，并进行批改。如果正确率只有70%左右，就会在下次上课时再讲一讲，巩固一下。老实说，在这么长的教书生涯中，授课时这么注意学生的反应，还是第一次。应该说，我过去实际上是一位只顾自己讲课的教师。

本书由两大部分构成。第一篇并未使用符号，而是重点谈论日常语言中的逻辑学话题。如果没有这一部分的铺垫，直接使用符号讲述逻辑学，恐怕大家会感到很难理解。此外，第一篇的内容比较实用，所以，读者即使只学这一部分也会有所收获。希望能够对那些想要在生活和工作中变得更具逻辑性的人多少有所助益。

第二篇在第一篇内容的基础上介绍了运用符号的符号逻辑学。开始使用符号后，实际上话题变得更加明确了，但也容易让人不知所云。不过，没有关系，我会时常注意前后衔接关系，尽量不让大家感到费解。

学了本书就能够理解作为现代逻辑学基本体系的谓词逻辑是怎么回事了。本书还会带领读者去了解哥德尔的不完全性定理。逻辑学是一门相当奇妙的学问，仅仅在大脑中想一想就会展现一个广阔的世界。在这个意义上来讲，它跟数学有一定的近似性，但逻辑学的独特之处在于它往往基于日常语言而展开。逻辑学具有其他学问所没有的妙处，在大学上课时也时常会遇到痴迷于逻辑学的学生。说不定你也会迷上逻辑学。

本书内容采用类似在大学上课那样的形式，先进行讲解说明，然后提出问题并解答分析，之后再出一些练习问题来确认读者的理解程度。插入的答疑部分也是本书的一大特征。本书在初学者容易感到难理解的地方设定了问题并进行解答。如此照顾初学者接受度的逻辑学教科书，包括我以前出版的在内，恐怕还从未有过。

就像开头提到的那样，本书基于我在立正大学的授课内容写作而成，可作为大部分大学面向文科专业的逻辑学课程的教科书。用作授课教材的时候，若课时允许，最好用两个学期进行讲授，每个学期 15 次课，分别讲授第一篇和第二篇。立正大学就是这么安排这门课的。如果只用一个学期讲授，可以只讲第一篇，也可以边讲授第二篇边适当插入第一篇的内容。

希望不将本书作为教材使用的读者读了本书之后也能有所收获。供读者自学用的练习问题全都附了答案。请大家边享受做题的乐趣，边耐心读下去。倘若能够听到读者讲出"这是一部希望所有人都能读懂的书"之类的感想，那将是我最大的荣幸。

野矢茂树

2019 年 12 月

目录

推荐序
译者序
前言

01 第一篇 日常语言中的逻辑

第1章　命题和真假　　　　　　　　　　3
第2章　推理和演绎　　　　　　　　　　7
第3章　否定　　　　　　　　　　　　　16
　　3.1　双重否定　　　　　　　　　　16
　　3.2　矛盾律与排中律　　　　　　　18
　　3.3　否定和反对　　　　　　　　　20
第4章　我们接下来要学什么　　　　　　24
第5章　联言、选言和德·摩根定律　　　27
　　5.1　联言和选言　　　　　　　　　27
　　5.2　联言的否定即否定的选言，选言的
　　　　 否定即否定的联言　　　　　　30
第6章　排除法　　　　　　　　　　　　35

| 第7章 | 假言和相反、倒换、对偶 | 38 |

7.1 "如果"的意思 … 38
7.2 "如果 P 则 Q"的相反、倒换、对偶 … 41
7.3 "F 是 G"的相反、倒换、对偶 … 47
7.4 将德·摩根定律和对偶相结合 … 50

第8章	对偶论证法	53
第9章	推移律	58
第10章	归谬法	61
第11章	全称命题、存在命题、单称命题	67
第12章	运用"所有"和"有的"的演绎	71
第13章	全称和存在的德·摩根定律	79

13.1 全称的否定即否定的存在，存在的否定即否定的全称 … 79
13.2 全称类似联言，存在类似选言 … 81
13.3 即使野槌蛇不存在，也可以说"所有的野槌蛇……" … 83
13.4 "也存在"比"存在"包含的意义更多 … 87

| 第14章 | 将全称和存在相结合 | 90 |

14.1 将全称和存在相结合这类命题的意义 … 90
14.2 把德·摩根定律运用于全称和存在相结合的命题 … 98

| 第15章 | 第一篇的复习 | 101 |

02 第二篇 创制出表述逻辑的符号语言

第16章	逻辑学是怎样的学问	106
	16.1 演绎重在形式	106
	16.2 "逻辑常项"是理解逻辑学最重要的概念	109
	16.3 逻辑的本质在于语言的意义	114
	16.4 逻辑常项决定逻辑学的涵盖范围	116

第17章	否定的意义	119
	17.1 二值原理	120
	17.2 否定的定义	121
	17.3 双重否定律	122

第18章	联言和选言的意义	125
	18.1 联言的定义	125
	18.2 选言的定义	126
	18.3 使用符号的原因	127

第19章	逻辑公式	130
第20章	命题逻辑的逻辑定律（1）：关于否定、联言、选言	134
	20.1 矛盾律	134
	20.2 排中律	137
	20.3 命题逻辑的德·摩根定律	138

第21章	假言的意义	141
	21.1 假言的定义	141
	21.2 计算机和逻辑电路	144
	21.3 逻辑公式的定义	145
第22章	命题逻辑的逻辑定律（2）：加上假言	149
	22.1 确认A和A的对偶为等值	149
	22.2 前件肯定式与后件否定式（对偶论证法）	151
第23章	现在我们正在做什么	153
	23.1 回顾之前的内容	153
	23.2 假言的恒真式和演绎	154
第24章	制作各种逻辑公式的真值表	162
	24.1 P ≡ Q 的真值表	162
	24.2 从矛盾中可以得出任何结论	163
	24.3 制作真值表很有趣吗	164
第25章	将"所有"和"有的（存在）"加进逻辑常项	168
	25.1 单称命题、个体变项、论域	169
	25.2 全称命题和存在命题的符号化	170
第26章	谓词逻辑的逻辑公式	176
第27章	谓词逻辑的德·摩根定律	181
第28章	所有的哲学家都是懒汉，有的哲学家是懒汉	183

第29章	**有效式**	188
	29.1 如果否定"有的哲学家是懒汉"会怎样	188
	29.2 怎么解释都为真的逻辑公式	190
	29.3 如何表示是否为有效式	195
第30章	**多重量化**	198
第31章	**公理系统**	209
	31.1 公理和定理	210
	31.2 命题逻辑的公理系统	219
	31.3 不完全性定理	225
练习问题的解答		228

第一篇

日常语言中
的逻辑

本书讲述逻辑学中最基本的部分，讲得更直接一些就是"命题逻辑"和"谓词逻辑"。但是，我不想现在就用那种晦涩难懂的说法来打消大家学习的积极性。所以，命题逻辑、谓词逻辑之类的词语会在大家比较熟悉这个领域之后再加以使用，现在姑且简单地称其为"逻辑学"。只有命题逻辑和谓词逻辑还并非逻辑学，这么说多少会有失严谨。不过，在不会造成不良影响的范围内适当概略，也对初学者很重要。（实际上，逻辑学的专家或痴迷者往往并不太懂得把握其中的分寸，常常试图一开始便极力追求严密性。我虽长年讲授逻辑学，但却既非逻辑学专家也非逻辑学痴迷者，所以，在讲述的过程中会适可而止，尽量照顾到读者的接受程度。）

逻辑学是一门关涉演绎的学问，但本书是针对零基础学习逻辑学读者的教科书，所以，如果直接讲"何谓演绎"，或许会令读者感到难理解，当然，也会对此加以说明。不过，倘若真的是完全从零基础开始，那就需要从更加具体的内容讲起。

第 1 章

命题和真假

要说明何谓"逻辑学",就必须说明何谓"演绎"。并且,为了说明何谓"演绎",得请大家先理解"命题"和"真假"。

请看下面的例句。

例 1

(1)东京迪士尼乐园在千叶县。
(2)狸是有袋类动物。
(3)请打开窗户。
(4)昨天吃的什么?
(5)麦当劳的菲力鱼很美味。

在这些例句中,有逻辑学能处理和不能处理的句子。进行区分的关键就是"真假"。

例如，（1）符合事实所以为"真"，（2）则与事实相违。有袋类动物是指像袋鼠那样雌性腹部有一个育儿袋的动物。狸没有育儿袋，所以"狸是有袋类动物"这一命题为"假"。与此相对，（3）是拜托说"请打开窗户"，所以既非真也非假。（4）是提问，因此，也是既非真也非假。

像这样，在某个句子想要陈述事实的情况下，若它符合事实则说其为"**真**"，若不符合事实则说其为"**假**"。并且，我们将能判断为真或假的句子称为"**命题**"。

于是，（1）和（2）是命题，而（3）和（4）不是命题。

希望大家注意的是，是否为命题，关键在于能否判断为真或假，即便是假也没有关系。即使像"埃菲尔铁塔在纽约"这样与事实相违的句子，因为可以判断其真假，所以也是命题。

（5）这个句子如何呢？"麦当劳的菲力鱼很美味。"菲力鱼是夹着炸鱼肉的汉堡，既有人认为其美味，也有人认为其不好吃。倘若"美味"只是个人感想，那似乎就无法判断其是真还是假了。不过，也并非不存在能够客观断定美味或难吃的情况，所以，是否绝对无法判断其是真还是假，这一点也很微妙。

可能也有人坚持主张"贝多芬的《第五交响曲》非常棒"就是客观事实。（虽然我认为这与"菲力鱼很美味"并无太大差别。）总之，也存在这种很难判断是真还是假的句子。

逻辑学处理的是命题，也就是能判断真假的句子。某些微妙的案例很难处理，所以此处不做讨论。

为了进一步加深理解，我们做一下练习。（本书中有"问题"和"练习问题"，"问题"的解答在正文中给出，"练习问题"的解答统一置于书末。）

练习问题 1　下列句子是命题的画〇，不是命题的画 ×。

（1）品川站在品川区。

（2）法隆寺并非钢筋混凝土结构。

（3）有疑问的人请举手。

（4）法国的首都是伦敦。

（5）新年快乐！

（6）去车站走这条路可以吗？

（7）赖账不是犯罪。

再重复一遍。

试图陈述事实的句子，若符合事实则为真，若不符合事实则为假。并且，能判断为真或假的句子称为命题。

不是判断为"正误"，而是判断为"真假"，这一点希望大家注意。"正误"在后面讲"作为演绎正确"或者"作为演绎错误"时会用到。"正误"和"真假"要分开使用，所以，请大家稍微注意一下。此处可暂且理解为"与事实相符则为真，与事实相违则为假"。

还有一点要稍做说明。由于我在本书中并不过分注重专业性，所以，在接下来的例句或问题中会用到"哲学家是懒汉"或者"……爱……"之类很难明确判断真假的例子，到时候请大家不要过度纠结于"这不是命题"之类的问题，就权且认为"在这个例子中，这个句子是可以明确判断真假的命题"。

> ✧ **重点用语**
>
> 　　命题：能判断真假的句子。
> 　　真：某个命题所述内容与事实相符。
> 　　假：某个命题所述内容与事实相违。

推理和演绎

以一个以上论点为依据,据此得出其他论点,被称作"**推理**"。例如,被称作"三段论"的推理就是从两个论点 P 和 Q 推导出论点 R。(因为出现了 P、Q、R 三个论点,所以被称为"三段论"。)

P
Q
所以,R

此时,P 和 Q 被称作推理的"前提"或"依据",由 P 和 Q 推导出的 R 被称为"结果"或"结论"。使用"依据"或"结果"之类的词语倒是也可以,但本书中统一使用"前提"和"结论"。

问： 这里为什么使用"P"这个字母呢？"A"或"X"之类的其他字母不可以吗？

答： 可以，但"命题"在英语中是"proposition"，所以表示"命题"的时候最好还是使用"P"。

既有只有一个论点作为前提的情况，也有像"三段论"这样有两个及以上论点作为前提的情况。下面举几个例子。

例2

（1）朝岛是我父亲的姐姐。

所以，朝岛是我的姑母。

（2）稻叶是消防员。消防员是公务员。

所以，稻叶是公务员。

（3）梅林经常把"我就说嘛"挂在嘴边。"我就说嘛"是静冈方言。

所以，梅林一定是静冈人。

事先说明一下，例句中有时会使用人名，例句中的名字只是随机而定，请大家不要见怪。也请大家放心，我不会将名字用于诽谤中伤之类的例句。

来看上面的例句。例2（1）的推理中前提有一个。例2（2）和例2（3）中则有两个前提。不过，前提的数量并不是什么问题，现在要讨论的是例2中的（1）（2）和（3）的区别。

在例 2（1）和例 2（2）中，倘若认可前提也就必须认可结论。如果朝岛是我父亲的姐姐，那朝岛就是我的姑母（不是叔母）。另外，如果稻叶是消防员，消防员是公务员（地方公务员），那稻叶就一定是公务员，而不可能明明是消防员却不是公务员。

与此相对，例 2（3）又如何呢？就算梅林经常把"我就说嘛"挂在嘴边，"我就说嘛"也的确是静冈方言，但能据此断言梅林就一定是静冈人吗？即便并非静冈人，也有可能因为长期在静冈生活而掌握了当地的说话方式，或者也有可能是受静冈的朋友影响。

例 2（1）和例 2（2）是倘若认可前提为真就必须认可结论也一定为真的推理。与此相对，在例 2（3）中，虽然若认可前提为真则结论亦为真的可能性就会增大，但却不能说若前提为真则结论也一定为真。

我们将"倘若认可前提为真则势必得认可结论亦为真"这样的推理称为"**演绎**"。与此相对，倘若要大致找个词形容的话，"若前提为真则结论为真的可能性便会增大，但并不是说结论一定为真的推理"或可叫作"推测"。不过，本书要讨论的是演绎，所以，"推测"一词大家也不必特意去记。下面来练习一下。

练习问题 2 下面的推理作为演绎正确的画〇，错误的画 ×。

（1）现在，AI 比围棋名人或象棋名人还要厉害。

所以，将来 AI 会在所有方面都拥有胜过人类的才智。

（2）明天是江岛的生日。江岛现在 19 岁。
所以，江岛明天 20 岁。

（3）逻辑学家具有很强的逻辑性。小田切是逻辑学家。
所以，小田切具有很强的逻辑性。

（4）犯罪现场落了一颗校长的纽扣。校长也有作案动机。
所以，犯人是校长。

问： "错误的演绎"也是"演绎"吗？能称为"演绎"的不是只有正确的演绎吗？

答： 不必太拘泥于措辞。不过，这里也为容易在意措辞细节的读者说明一下。演绎的定义是"倘若认可前提为真则势必得认可结论亦为真的推理"，所以，"错误的演绎"原本就不是演绎。因此，练习问题 2 最好写成"下面的推理是演绎的画〇，不是演绎的画 ×"。

提出此类问题的人虽然有点儿难应付，但似乎也更适合学习逻辑学。

问： 曾看到"演绎"和"归纳"作为相对概念被加以说明，这是怎么回事呢？

答： 归纳是将事例一般化的推理。例如，"之前养的猫都记不住训令。所以，猫是记不住训令的动物"之类的推理就被称为归纳。

因此，时常会看到将归纳和演绎相对照进行说明的情况，例如，将归纳解释为个别事例的一般化，而将演绎解释为"由一般性规律推导出个别性结论的推理"，如"兔子不冬眠。所以，现在喂养的兔子咪咪也不冬眠"之类的推理。

这的确是演绎，但除此之外，演绎还有很多其他类型。例如，现在 19 岁的人明天要过生日，所以，便据此得出其明天 20 岁的结论，诸如此类的情况则并非由一般性规律推导出个别性结论。

所以，要先声明一点，将演绎与归纳相对照进行限定性说明，其实是一种错误。

在这里要着重强调一点。

是否为演绎，取决于由前提推导出结论的过程。进一步讲就是，演绎的正确性与前提是否正确无关。请看下面的例子。

例 3　狸是有袋类动物。雌性有袋类动物的腹部有育儿袋。
　　　 所以，雌狸的腹部有育儿袋。

由于狸并非有袋类动物，所以，例 3 的前提是错误的。即便如此，如果认可这两个前提，那就得认可"雌狸的腹部有育儿袋"这一结论。也就是说，例 3 是演绎。说得再具体一些就是，例 3 作为演绎是正确的。

再举一个极荒谬的例子。例 4 作为演绎也是正确的。

例4 萝卜是鱼。鱼奔驰在草原上。
所以，萝卜奔驰在草原上。

虽然北海道有一种名为黄瓜鱼的鱼，但（我认为）并没有萝卜鱼，应该也并没有奔驰在草原上的鱼。因此，也并没有顶着绿色萝卜缨在草原上奔驰的萝卜。例4中全是错误，但是，作为演绎它却是正确的。

再来看一下演绎的定义。"倘若认可前提为真则势必得认可结论亦为真的推理"。该定义并未要求前提为真。（敏锐察觉到这一点的就可称为"逻辑学大脑"。逻辑学有时需要形成一些稍稍不同寻常的思维方式。接下来还会不断出现此类情况，敬请期待。）定义中说的是"倘若认可前提为真"，是否真的为真并不是关键，关键在于若其为真则会怎样。

请大家试想一下，如果萝卜是鱼，并且鱼奔驰在草原上，那么萝卜也就应该是奔跑在草原上。倘若认可前提为真则势必得认可结论亦为真，这种关系成立。也就是说，这是正确的演绎。

多数情况下，当推理被展示出来的时候，前提是否为真也会变得重要起来。为了突出前提为真的重要性，这里用到"论证"一词。此处所说的"论证"是指列出依据来展示结论。为了让结论具有说服力，要列出能够那么说的原因，也就是支撑结论之主张的依据。这种时候，依据就必须为真。倘若依据为假，由之推导出的结论再怎么貌似有理，该论证都不具有说服力。所以，论证的说服力与两点有关：一是依据为真，二是由依据到结论的推理过程具有说服力。再来看一下例2（2）。

例2 （2）稻叶是消防员。消防员是公务员。
所以，稻叶是公务员。

将该例子作为论证来看的时候，情况就成了列出"稻叶是消防员"和"消防员是公务员"这一依据，进而主张"稻叶是公务员"。并且，为了令该论证具有说服力，需要依据为真，同时，由依据到结论的推理过程还得具有说服力。对于稻叶是不是消防员、消防员是不是公务员，调查一下便能够知道。此外，逻辑不关涉事实。如果"稻叶是消防员"为真，"消防员是公务员"也为真，"稻叶是公务员"则势必为真。逻辑的任务仅仅是确认这一点。我并不是想说依据的真理性不重要，只是要讲明分工："依据是否为真，请去调查事实。逻辑关注的始终是推理过程的正确性。"

因此，例3（有关狸的推理）或例4（有关萝卜的推理），因为依据为假，所以，作为论证并不合理，但作为演绎却是对的。

问： 是要将"依据"和"前提"分开使用吗？

答： 哦，这一点我说明得还不够充分。论证的时候，为了强调若不为真则很麻烦，于是便称其为"依据"。与此相对，逻辑只关涉推理。所以，使用"前提"一词，是为了突出"若其为真"这一语感。

不过，请不必太过在意这一点，并且，也不必因出现各种各样的用语而感到麻烦。接下来我只讲逻辑，不会再使用"论证"和"依据"这两个词。不过，"倘若认可前提为真则势必得认可结论亦为真的推理"这一演绎的定义，并不要求前提真的为真，大家要理解这一点。

我刚刚已经较为深刻地谈到逻辑的核心问题了，就是"逻辑不关涉事实"这句话。

虽然刚刚已经说明过了，但这里还想再强调一下。逻辑只关注是否能够由前提得出结论。至于前提是否符合事实，应该自己去确认，或者去翻书查一查，又或者去问问自己信赖的人。也就是说，即便不了解狸是否为有袋类动物、消防员是否为公务员这类事情，也能够确认相关推理作为演绎是否正确。待在房间里，事实调查交给别人，自己仅仅凭借推理破案的侦探被称为"安乐椅侦探"，而逻辑学连进行事实调查的助手都不需要，所以，它是一门彻底的安乐椅学问。我甚至觉得可以夸张地说，即使无知，只要头脑好使也能够成为逻辑学家。

下面来做一下练习。

练习问题 3 下面的推理作为演绎正确的画○，错误的画 ×。
（1）天空树在巴黎。巴黎在英国。

所以，天空树在英国。

（2）哲学家都是懒汉。蒲田是哲学家。

所以，蒲田是懒汉。

（3）中华料理中不使用大蒜。土豆炒肉是中华料理。

所以，土豆炒肉中不使用大蒜。

✧ **重点用语**

演绎：倘若认可前提为真则势必得认可结论亦为真的推理。

第 3 章

否　　定

　　逻辑学中的**"否定"**与日常语言中所说的"否定"略有不同，这一点需要加以注意。不过，太过深入地讨论这一问题，反而有可能变得晦涩难懂，因此，让我们深入浅出地开始相关讨论吧。
　　所谓否定某一命题就是主张该命题为假，也就是认为"该命题与事实有违"。例如，如果否定了"狸是有袋类动物"这一命题的话，那就意味着"狸不是有袋类动物"，这便是认为"狸是有袋类动物"这一命题有违事实，为假命题。

3.1　双重否定

　　倘若否定了"企鹅不是鸟"这一命题，又会怎样呢？

这就是对否定形式的命题再一次加以否定。倘若照字面来写，那便是"企鹅并非不是鸟"。这样的措辞似乎有点儿奇怪，实际上，其要表达的是"企鹅不是鸟"是假命题，也就是与事实不符，因此，也可以认为其意义等同于"企鹅是鸟"。像这样，否定两次即为肯定。

对此进行一般化表述时可以使用 P、Q、R 这组字母，以便代入任意命题。（如前所述，"P"是意为"命题"的英语单词"proposition"的首字母。）上面这句话则可以写作"并非不是 P 就等同于 P"。但"并非不是 P"这样的措辞总让人觉得有点儿别扭，令人难以理解，所以，我们不妨将命题 P 的否定写作"not P"。如此一来，前述"并非不是 P 就等同于 P"便可以写作"not（not P）则等同于 P"。虽然也可以写作"not not P"，但为了便于识读加入了括号，写作"not（not P）"。

否定两次叫作**双重否定**。"双重否定 not（not P）则等同于 P"这一关系在逻辑学中称为**双重否定律**。

尽管如此，"等同于"这个词还是有点儿表述不清。要先弄清楚在什么意义上可以说是"等同于"，因此，这里要导入"**等值**"这一术语。当 P 为真 Q 亦必为真、P 为假 Q 亦必为假时，就说 P 和 Q 为等值关系，并写作"$P \equiv Q$"。

问："$\equiv$"与等号"$=$"不同吧？多了一横。

答：不同。后面会时常用到等号"$=$"，并笼统地将其作为

"等同于"之意来使用。与此相对，这里被定义为"当 P 为真 Q 亦必为真、P 为假 Q 亦必为假时，P ≡ Q"的等值则是逻辑学中给出的严格定义。

因此，"≡"是被严格定义的符号，而"＝"可以简单理解为"等同于"的简略表记符号。

不过，逻辑学随后也会正式导入并定义等号"＝"。那样一来，"＝"就会以不同于"≡"的意义在逻辑学中出现。不过，本书尚未涉及那一步，所以，等号"＝"出现的时候，大家可以笼统地将其理解为"等同于"之意。

接下来，我们看一下双重否定律。双重否定律可以用等值符号"≡"来表示。当 not（not P）为真时 P 势必为真，当 not（not P）为假时 P 势必为假，因此，not（not P）与 P 是等值关系。这在逻辑学中叫作"双重否定律"。

> **双重否定律** not（not P）≡ P

再强调一下，P 可以替换为任意命题。例如，假如将 P 替换为"消防员是公务员"，那则成为"'消防员并非不是公务员'等值于'消防员是公务员'"。习惯之后，也许使用符号表记反而更加简洁易懂。

3.2 矛盾律与排中律

此处还要导入与否定相关联的"**矛盾**"概念。"矛盾"

这个词经常使用，大家或许觉得很熟悉，但其在逻辑学中的意义更具限定性。在日常语言中，人们常常称一些现象为"社会矛盾"。与此相对，在逻辑学中，"矛盾"被明确定义为"同时主张 P 和 not P"。下面举例说明。

例5 木南是大学生，且，不是大学生。

这就是同时讲了"木南是大学生"这一肯定命题和"木南不是大学生"这一否定命题，所以形成了矛盾。一般而言，"P 且 not P"这种形式的命题就是矛盾。矛盾中势必有假命题存在。

另外，还需要了解一下与否定相关联的"**排中律**"。所谓排中律就是"P 或 not P"这种形式的命题。

例6 栗山要么有盲肠要么没有盲肠。

此句指出是 P 和 not P 中的任意一项，不存在既不是肯定也不是否定的情况，排除二者的中间情况。在这个意义上，"P 或 not P"就被称为"排中律"。

在我们现在正要探讨的逻辑学中，排中律一定会成立。也就是说，排中律势必为真。（实在不好意思，这里说得有点儿太绕了。实际上，也有研究排中律不成立之类逻辑的逻辑学，但是，本书并不涉及那种逻辑学。）

"栗山有盲肠"这一命题是否为真，必须经过调查才能清楚。但是，"栗山要么有盲肠要么没有盲肠"这一命题，即便不调查也能知道其为真。那就是要么有要么没有。

稍微有点儿啰唆了，但还是要再举一个例子。

例 7　剑持今天买的彩票要么会中 7 亿日元要么不会中 7 亿日元。

倘若预测"剑持今天买的彩票会中 7 亿日元"，多数情况下会落空，但如果是"剑持今天买的彩票要么会中 7 亿日元要么不会中 7 亿日元"这样的预测，就绝对不会落空。

3.3　否定和反对

在否定中，比较难的就是区分"否定"和"反对"。

例如，我们可以来思考一下"养乐多赢了阪神"这一命题的否定形式。粗心的人可能会认为"'赢'的否定或许就是'输'"，于是便回答"养乐多输给了阪神"。也许并没有必要加以说明，这里所说的"养乐多"和"阪神"就是指棒球队"东京养乐多燕子队"和"阪神老虎队"。我对棒球并不是太了解，但调查一下就知道日本的职业棒球比赛中存在平局结果。因此，当比赛结果为平局时，"养乐多要么赢了阪神要么输给了阪神"这一命题便为假。

"养乐多要么赢了阪神要么输给了阪神"并不属于"P 或 not P"这种排中律形式。也就是说，如果将"养乐多赢了阪神"设为 P，其否定形式 not P 并不是"养乐多输给了阪神"。

将任何一个命题带入 P，排中律"P 或 not P"都势必为真。因此，not P 必须包含 P 为假的所有情况。P 和 not P 中必有一项为真，所以，"P 或 not P"为真。

因此，"养乐多赢了阪神"的否定形式必须是"养乐多没有赢阪神"。当养乐多输给了阪神的时候，"养乐多赢了阪神"这一命题为假，但这并不是"养乐多赢了阪神"这一命题为假的所有情况。而"养乐多赢了阪神"的否定形式"养乐多没有赢阪神"则包含了"养乐多输给了阪神"和"养乐多与阪神打了个平局"这两种情况。

对此，可用图 3-1 表示。

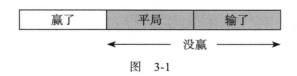

图　3-1

所以，我们可以将"输了"称为"赢了"的"反对"，以区别于否定。可能有人会认为"赢了"的否定就是"输了"，可是，"输了"是"赢了"的反对形式，而不是否定形式。"赢了"的否定是"没赢"，它等同于"平局或输了"。

下面以问题的形式来思考一下其他例子。

问题 1　"绀野喜欢佐竹"的否定并不是"绀野讨厌佐竹"，请说明其中的理由。

世上的情感并非只是简单地分为"喜欢"和"讨厌"，还有"既不喜欢也不讨厌"的情况存在。命题 P 的否定必须包含 P 为假的所有情况，因此，仅仅是"讨厌"的话，尚且构不成"喜欢"的否定。对于问题 1，可以像如下这么回答。

问题 1 的解答　因为"绀野喜欢佐竹"这一命题为假，并不是只有"绀野讨厌佐竹"这种情况，还包含"绀野既不喜欢也不讨厌佐竹"这种情况。

可是，这个问题到这里依然还有令人困惑之处。"绀野喜欢佐竹"的否定又应该怎么说呢？

"绀野不喜欢佐竹"难道不行吗？可能有人会这么问。说"不喜欢"的话，总感觉其中包含的"讨厌"语气太强吧？如果有人跟你说"我不喜欢你"，难道你不会认为对方讨厌自己吗？

这或许就是日常措辞的难点所在。像"喜欢—讨厌"这样的反对概念清晰存在的情况下，给其中一方简单地加上"不是"的话，似乎更接近反对概念。听到"不喜欢"，往往会觉得是讨厌，而听到"不讨厌"，又会觉得是有点儿喜欢。

所以，"绀野喜欢佐竹"的否定形式似乎必须采用"绀野并没有喜欢佐竹"之类稍显不自然的说法。

此处便能看出逻辑学试图脱离日常语言的部分动机。也许这一点最好先说明一下。

不过，在那之前，再来做一个与问题 1 相似的题目。

练习问题 4 "白须君很诚实"的否定并不是"白须君爱撒谎",请说明其中的理由。

> ✧ **重点用语**
>
> P ≡ Q:命题 P 为真时命题 Q 亦必为真,命题 P 为假时命题 Q 亦必为假,此时则说"P 和 Q 为等值",写作"P ≡ Q"。
>
> 命题 P 的否定:包含命题 P 为假的所有情况的命题。
>
> 双重否定:对某一命题进行两次否定。
>
> 矛盾:P 且 not P。
>
> 排中律:P 或 not P。

第 4 章

我们接下来要学什么

先谈一下我们接下来要学习的内容。

在第二篇中,我们要学习符号逻辑学。符号逻辑学试图创制一套严密处理演绎的人工语言。像这种人工创制的语言被称为"**人工语言**"。与之相对,我们平时所使用的语言被称为"**自然语言**"。

符号逻辑学所创制的人工语言始终基于自然语言,并试图使其更加严密,所以,在学习第二篇的符号逻辑学之前,先在第一篇中看一下我们用惯了的自然语言⊖中逻辑学涉及的事情。

在某种程度上,这也是学习符号逻辑学之前的基本准备,但并不仅仅止于此,符号逻辑学这门学问从自然语言这一大地中吸取所需的一切养分,所以,这也是一项为了

⊖ 本书原书为日语书,此处所说的语言指日语。——译者注

让符号逻辑学深深扎根于其大地之中的工作。

本书所处理的逻辑学包括"命题逻辑"和"谓词逻辑"。谓词逻辑将命题逻辑作为自己的一部分包含进来，所以，也可以概括性地说我们接下来要学习谓词逻辑这一逻辑学。

并且，谓词逻辑是一种创制严密处理演绎的人工语言的尝试。不过，谓词逻辑这种人工语言中只有 6 个词语。我曾经看到过一个数字，说是规定日本初中生需要记住的英语单词有 1200 个，与之相比的话，不，即使不进行比较也一目了然，谓词逻辑这种人工语言中有 6 个词语实在不算多。大家也许会惊讶于竟然存在仅由 6 个词语构成的语言。但是，这 6 个词语确实足以描述标准的演绎。

这 6 个词语是什么呢？命题逻辑处理的词语有 4 个，一个就是我们在第 3 章已经看到过的否定（并非），剩下 3 个分别是"并且""或者"和"如果"。处理由这 4 个词语所构成的演绎的就是命题逻辑。谓词逻辑在这 4 个词语的基础上再增加"所有"和"有的"这 2 个词语，共计 6 个。

"并非""并且""或者""如果""所有""有的"就是我们接下来要看的人工语言的全部词汇。我想大家很快就能明白这区区 6 个词语究竟具有多么大的表现力。

问： 虽说是只由 6 个词语构成的语言，但之前不就已经出现过很多"赢了""输了""喜欢""讨厌"之类的词语了吗？

仅仅只有"并非""并且""或者""如果""所有""有的"这几个词语的话，无法组成句子吧。

答：这一点需要进一步说明，但是也许在第二篇开始讲符号逻辑学之后进行说明比较好。此处暂且简单说明一下。

请大家回忆一下排中律。"栗山要么有盲肠要么没有盲肠"，这是一个势必为真的命题。这个句子中的确出现了"盲肠"之类的词语，但是，这个句子所述内容势必为真的关键在于其采用了"P 或 not P"这一形式。在展示具体例子的时候，作为命题 P，代入了"栗山有盲肠"或者"剑持今天买的彩票会中 7 亿日元"之类的句子，只要有"P 或 not P"这一形式，代入 P 的命题是什么都无所谓。

也就是说，令排中律成立的是"P 或 not P"这一形式，而构成这一形式的是"或者"和"并非"这 2 个词语。一旦试图在自然语言中举例来分析逻辑，就会用到自然语言中各种各样的词语，而与逻辑相关的词语只有"并非""并且""或者""如果""所有""有的"这 6 个。情况大体就是如此。

前景展望就做这些，接下来继续学习吧。否定已经看过了，接下来看一下"并且""或者""如果"。在自然语言中看过这些词语关涉的演绎之后，我们会再加上"所有"和"有的"这 2 个词语进行分析。大家加油吧！

第5章

联言、选言和德·摩根定律

5.1 联言和选言

主张命题 P 和命题 Q 皆为真的命题叫作 P 和 Q 的"**联言**"。这个词可能大家没怎么听说过,可理解为将 P 和 Q"联系起来讲"。

表示联言的语言是"P 并且 Q",也可以说"P 然后 Q",不过,"P 然后 Q"这种表述中,不仅包含 P 和 Q 皆为真的意思,还包含 P 然后 Q 这一顺序。例如,"天空发亮,然后,雷声轰鸣",这句话表示了闪电之后才出现雷鸣这一顺序。但是,联言并不关涉顺序,只是强调 P 和 Q 皆为真。所以,比起"然后",还是"并且"更适合联言。

主张命题 P 和命题 Q 至少有一方为真的命题叫作"**选言**"。有一种 P 和 Q"选择来讲"的感觉。表达选言的代表性说法是"P 或者 Q"。

不过,"P 或者 Q"这一说法多少有点儿不够明确。虽然传达出了 P 和 Q 两项中的其中一项为真这一意思,但并未表明两项都为真是否也可以。之所以采用"命题 P 和命题 Q 至少有一方为真"这一说法,是因为想用"至少"一词使其包含"两项也可以"这一语意。像这种"两项也可以"的选言叫作**相容选言**,而"两项不可以"的选言叫作**不相容选言**。例如,倘若说"中午吃天妇罗盖饭或者炸猪排盖饭"的人,即使因为今天太饿了所以两者都要吃也不算撒谎,那意思就是"中午至少吃天妇罗盖饭或者炸猪排盖饭中的一种,也有可能两种都吃",这就是相容选言,但如果是"吃其中的一种,不是两种都吃",那就是不相容选言。

关于这一点,第二篇中还会讲到,这里仅做简单介绍。我们涉及的选言是相容选言。后文说到"P 或者 Q"的时候,大家理解为 P 和 Q 两项都为真也可以。

在日常语言中表达联言和选言的时候,有时也会用"并且"和"或者"以外的其他词语。但是,分析其中所蕴含的逻辑时,还是用"P 并且 Q"和"P 或者 Q"之类的形式更清晰易懂。这里的 P 和 Q 是命题,所以应该理解为用"并且"和"或者"将主谓语齐全的两个句子连接起来。下面来做一下练习。

问题 2 将下列句子改写成"☐☐☐ 并且 ☐☐☐"或

"□ 或者 □"的形式。(空格处填入主谓语齐全的命题。)

（1）住吉君吃了拉面和炒饭。

（2）市立图书馆和县立图书馆中的一个闭馆。

请将主谓语齐全的两个命题用"并且"或"或者"连接起来。

问题 2 的解答

（1）住吉君吃了拉面，并且，住吉君吃了炒饭。

（2）市立图书馆闭馆，或者，县立图书馆闭馆。

我想也会有人想在第 1 个小句子中加一个"也"字，说"住吉君吃了拉面，并且，住吉君也吃了炒饭"。这么说也对，而且这样或许更自然，但这里关键是要突出用"并且"来连接"住吉君吃了拉面"和"住吉君吃了炒饭"这两个命题，所以不必太过发挥，直接回答就可以。

练习问题 5　将下列句子改写成"□ 并且 □"或"□ 或者 □"的形式。(空格处填入主谓语齐全的命题。)

（1）织女星和天狼星都是恒星。

（2）海豚和鲸鱼都不是鱼。

（3）濑户君养着狗或猫。

5.2 联言的否定即否定的选言，选言的否定即否定的联言

我们将联言和选言与否定结合起来看一下。

虽然不进行任何说明便直接提出问题可能会令读者感到疑惑，但这里还是想结合具体问题进行说明。

问题 3 请从①②中选出与命题 P 的否定等值的命题。

P：住吉君吃了拉面和炒饭。

①住吉君拉面和炒饭都没吃。

②住吉君至少没有吃拉面和炒饭中的一种。

命题 P"住吉君吃了拉面和炒饭"为假会是什么情况呢？倘若拉面和炒饭都没有吃，那 P 的确为假。可是，P 为假并不是只有这种情况。由于 P 说的是"两者都吃了"，所以，在吃了拉面但并未吃炒饭，或者吃了炒饭但并未吃拉面的情况下，P 也为假。表达这类情况的就是②。"住吉君至少没有吃拉面和炒饭中的一种"这一说法也包含两者都没吃的情况，这一点请大家注意。

问题 3 的解答 ②

为了将该问题置于"联言、选言、否定"这组关系中加以把握，下面直接使用"并且"和"或者"进行表述。

命题 P 可做如下表述。

P：住吉君吃了拉面，并且，住吉君吃了炒饭。

否定这一命题便是下面这样。

not P：住吉君没有吃拉面，或者，住吉君没有吃炒饭。

在这里，"或者"是相容选言。也就是意思为"P和Q至少其中一项为真，也包含两者皆为真的情况"的"P或者Q"。

将这种情况进行一般化表述便是下面这种形式：

not（P 并且 Q）≡ not P 或者 not Q。

"≡"这个符号大家还记得吗？当命题P为真和命题Q为真一定联动的时候，便说"P和Q等值"，写作"P ≡ Q"。现在就是说"not（P 并且 Q）"为真等同于"not P 或者 not Q"为真。

但是，如果写作"not（P 并且 Q）≡ not P 或者 not Q"的话，大家或许会觉得难以理解。这时便请理解为"因为说的是拉面和炒饭没有都吃，所以，应该是说拉面和炒饭中至少有一种没吃"。

"not（P 并且 Q）≡ not P 或者 not Q"这一关系叫作**"德·摩根定律"**。德·摩根指的是英国数学家奥古斯都·德·摩根（1806—1871），该定律由其研究得出，便被称作"德·摩根定律"。

该定律不仅适用于联言，也适用于选言，也被称为"德·摩根定律"。

问题 4　请从①②中选出与命题 P 的否定等值的命题。
P：濑户君养着狗或猫。
①濑户君狗和猫都没有养。
②濑户君至少没有养狗和猫中的一种。

关于濑户君是否养着狗或者猫，可以考虑以下 4 种情况。

（濑户君的狗猫喂养情况。）
（1）狗和猫都养着。
（2）养了狗但没有养猫。
（3）没有养狗但养着猫。
（4）狗和猫都没有养。

其中，命题 P "濑户君养着狗或猫"为真的是（1）（2）（3）这三种情况。（这里再多说一句，由于是相容选言，所以也包含（1）。）如此一来，由于命题 P 的否定 not P 为真的便是 P 为假的所有情况，因此就是（4）这一情况。也就是说，答案是①。

问题 4 的解答　①

为了将该问题置于"联言、选言、否定"这组关系中加以把握，下面直接使用"并且"和"或者"进行表述。

命题 P 可做如下表述。

P：濑户君养着狗，或者，濑户君养着猫。

否定这一命题便是下面这样。

not P：濑户君没有养狗，并且，濑户君没有养猫。

将这种情况进行一般化表述便是下面这种形式：

not（P 或者 Q）≡ not P 并且 not Q。

将上面的情况结合起来便叫作"**联言和选言的德·摩根定律**"。这里之所以加上"联言和选言的"，是因为后面提到的"所有"和"有的"这组关系中也会涉及德·摩根定律。后面出现的德·摩根定律叫作"全称和存在的德·摩根定律"。不过，大家也可以不必在意这一点。现在先集中精力去理解联言和选言的德·摩根定律吧。

虽然这是一个习惯了自然而然就能理解的定律，但对于初学者来说，或许还是会感到有点儿混乱。来做一下练习吧。

练习问题 6 请从①②中选出与命题 P 的否定等值的命题。

P：今天，市立图书馆和县立图书馆中的一个闭馆。

① 今天，市立图书馆和县立图书馆都不闭馆。

② 今天，市立图书馆和县立图书馆中的一个不闭馆。

练习问题 7　请从①②中选出与命题 P 的否定等值的命题。

　　P：东京迪士尼乐园和东京德国村都不在东京。

　　①东京迪士尼乐园和东京德国村都在东京。

　　②东京迪士尼乐园和东京德国村中的一个在东京。

练习问题 8　请用德·摩根定律写出命题 P 的否定。（写成用"并且"或"或者"连接主谓语齐全的两个命题的形式。）

　　（1）P：相马君不打高尔夫，并且，相马君打棒球。

　　（2）P：田所君是素食主义者，或者，田所君不喜欢吃肉。

　　（3）P：热海和汤河原都在静冈县。

　　（4）P：火星或木星上存在生命体。

✧ **重点用语**

　　联言：P 和 Q 两项皆为真。"P 并且 Q"是代表性的联言表达形式。

　　选言：P 和 Q 至少一项为真（两项皆为真也可以）。"P 或者 Q"是代表性的选言表达形式。

先总结一下联言和选言的德·摩根定律。

联言和选言的德·摩根定律

（1）not（P 并且 Q）≡ not P 或者 not Q

（2）not（P 或者 Q）≡ not P 并且 not Q

第 6 章

排 除 法

本章讲一下涉及联言、选言和否定的演绎。来看下面的例句。

例 8 凶手是千代田或常木。千代田有不在场证明，因此不是凶手。所以，凶手是常木。

例 8 是一个作为演绎正确的推理，这一点可能比较容易理解。演绎就是倘若认可前提为真则势必得认可结论亦为真的推理。现在如果认可"凶手是千代田或常木。千代田有不在场证明，因此不是凶手"为真，那凶手就只能是常木了。也就是说，如果认可前提为真，就势必得认可结论亦为真。

这里所使用的演绎形式是"**排除法**"。（由于使用了选言的三段论，所以也被称为"选言三段论"，但这里使用大家比较熟悉的"排除法"这一名称。)

排除法通常有两种类型：一种由"P或者Q"和not P这一前提得出结论Q，另一种由"P或者Q"和not Q这一前提得出结论P。此外还有一种排除法由"P或者Q或者R"之类的三个选项和"(not P)并且(not Q)"这样的前提得出结论R。选项的数量可以是三个也可以是四个，是几个都没有关系。在列举出所有可能选项的基础上，排除假选项，最后剩下的就可以下结论为真命题。这就是排除法的通常形式。

练习问题9 根据①和②用排除法可以得出的结论命题。

① 寺尾君属于剑道部或弓道部。
② 弓道部里没有寺尾君。

使用排除法时有一点必须注意。请看下面的问题。

问题5 请说明下面的推理为什么错误。

在喜乐吃午饭的话绝对是选炒面，如果在上海亭吃则还是担担面。所以，午饭若是不吃炒面的话，应该就是吃担担面。

请注意"P或者Q"是否穷尽了所有选项。倘若在P和Q之外还有R之类的选项，就不能因为并非P便直接断定是Q。利用排除法进行演绎的时候，必须确认作为前提的选项是否穷尽了所有情况。

问题 5 的解答　问题 5 中也有可能在喜乐和上海亭之外的地方吃午饭。所以，如果根据不吃炒面便得出吃担担面的结论，属于武断造成的错误，也有可能去咖喱店吃猪排咖喱。

练习问题 10　请说明下面的推理为什么错误。

　　如果户田君喜欢我，我就能得到巧克力，如果户田君讨厌我，我就得不到巧克力。

　　所以，如果户田君不喜欢我，我就不能从户田君那里得到巧克力。

排除法

P 或者 Q　　　　P 或者 Q

not P　　　　　 not Q

所以，Q　　　　所以，P

第7章

假言和相反、倒换、对偶

7.1 "如果"的意思

我们要学习的逻辑学是命题逻辑和谓词逻辑。对于命题逻辑所涉及的词语,我们在前文已经看到了表示否定的"并非"、表示联言的"并且"和表示选言的"或者"。命题逻辑所涉及的最后一个词语是"如果"。在逻辑学中,其被称为**假言**。

逻辑学中的"如果"当然也能依据日常语言中的"如果"进行思考,但实际上逻辑学中的"如果"和日常语言中的"如果"之间多少存在一定的差异。逻辑学中的"如果"是连接命题和命题的词语,"如果 P 则 Q"主张"P 为真时 Q 通常亦为真"。对于这与日常语言中的"如果"存在的差异,我会在第二篇中严格定义假言时稍微讲一下。现在先基于"P 为真时 Q 通常亦为真"这一点，结合日常语言分析一下"如果"的逻辑。

下面举几个假言的例句。

例 9

（1）如果超过截止时间，毕业论文则不予受理。

（2）低气压一临近，长濑君就会头疼。

例句（1）中，倘若即使过了截止时间毕业论文依然可以得到受理，该命题便为假。但是，希望大家注意的是，即使没有过截止时间，毕业论文也有可能不被受理。例如，毕业论文没有遵循指定形式，即使在截止时间之前，也可能会不被受理。（1）所要强调的是不可以超过截止时间。这种情况在接下来的"相反、倒换、对偶"部分会详细分析。

（2）并未使用"如果"。但是，该句主张"低气压临近"为真的时候，"长濑君会头疼"通常亦为真，所以，意思上是假言。并不是只有"如果"是用来表示假言的日常语言。

像例 9（1）（2）这样的假言，当即使过了截止时间毕业论文也被受理、即使低气压临近长濑君也没有头疼的时候，它们便为假，但也有逻辑上一定会成立的假言。

例 10

（1）如果买 870 日元的东西付了 1000 日元，就会找零 130 日元。

（2）二宫君和沼田君中的一个人在房间里，如果现在二宫君不在房间里，那房间里肯定是沼田君。

例 10（1）（2）都不可能为假，它们是肯定为真的假言。（2）是将前面讲到的排除法总括成了一个命题。演绎是前提为真的时候结论亦肯定为真的推理，假言主张"P 为真时 Q 通常亦为真"，是不是形式很相似呢？所以，演绎和假言之间有着非常密切的关系。不过，现在大家只要了解演绎和假言之间有关系就可以了。第二篇中再详细说明。

问题 6 从（1）～（3）中选出是假言的命题。
（1）鸭嘴兽是哺乳类动物，但却是卵生。
（2）如果上海亭和来来轩不同时休息，今天上海亭或来来轩总会有一个营业。
（3）喂猫吃洋葱会导致其贫血。

（2）使用了"如果"来连接，所以比较容易看出来是假言。如果上海亭和来来轩不同时休息，就总会有一个营业，这是德·摩根定律。（3）主张如果"喂猫吃洋葱"为真，则"猫会贫血"通常亦为真，这也是假言。不过，这是一种模糊的事实，所以要注意。

应该注意的是（1）。"鸭嘴兽是哺乳类动物，但却是卵生"这句话的意思是"鸭嘴兽是哺乳类动物，但是，它是卵生"，所以该命题并非假言。"如果 P 则 Q"这一形式的假言是在"如果 P 为真"的假设下，导出 Q。（1）的"鸭嘴兽是哺乳类动物"这一部分并不是假设，而是主张"鸭嘴兽是哺乳类动物"。

问题 6 的解答 （2）（3）

练习问题 11 从（1）～（3）中选出是假言的命题。
（1）因为鲸鱼是胎生，所以有肚脐。
（2）根本君不临近考试就不学习。
（3）如果不是闰年，那一年的元旦和除夕就会是同一个星期。

7.2 "如果 P 则 Q"的相反、倒换、对偶

在"如果"的逻辑中，非常重要的是相反、倒换、对偶。

设定"如果 P 则 Q"这一命题为 A，与该命题相对，被称作"A 的相反""A 的倒换""A 的对偶"的命题则可分别定义如下。

A：如果 P 则 Q。

A 的相反：如果 Q 则 P。

A 的倒换：如果 not P 则 not Q。

A 的对偶：如果 not Q 则 not P。

例 11

　　A：如果星期一是节日，博物馆就星期二休馆。
　　A 的相反：如果博物馆星期二休馆，星期一就是节日。
　　A 的倒换：如果星期一不是节日，博物馆就不星期二休馆。
　　A 的对偶：如果博物馆星期二不休馆，星期一就不是节日。

问： 为什么必须学这么麻烦的东西呢？这个重要吗？

答： 非常重要。做一做下面的问题吧。这是由于没有很好地掌握相反、倒换、对偶而发生的真事。

问题 7　请说明画线部分的推理为什么错误。

　　2007 年 11 月 11 日，《纽约时报》上登载了一篇令人印象深刻的报道。脑科学研究者和调查公司联名将参加 2008 年美国总统选举的各党候选人照片给 20 名选民看，然后测定其大脑活动。这篇报道就是相关的测试结果报告，下面是其部分内容：

　　在看民主党候选人希拉里·克林顿的照片时，选民的带状回出现了活动。这是一个当人感到纠结时会出现活动的脑区域。所以，这表明选民在犹豫是否要投票给希拉里·克林顿。<u>看共和党候选人米特·罗姆尼照片的时候，被试选民的杏仁核出现了活动。这是一个当人感到不安时会出现活动的脑区域，所以，选民对这个候选人产生了一种不安感。</u>在看民主党候选人约翰·爱德华兹的照片时，当人感到厌恶时会出现活动的岛皮质产生了活动。约翰·爱德华兹或许不得面临一场艰难的选举战。
（坂井克之，《心脑科学》，2008年，中公新书，251〜252页）

将选民放进核磁共振仪里面给其看总统候选人的照片，然后观察其脑部活动状态，这也太荒唐了吧。"带状回""杏仁核""岛皮质"都是脑部区域名称。作者坂井接着说"大家知道这篇报道哪里出问题了吧"。这篇报道出来之后，很快就出现了来自研究者的反驳报道。大家知道它哪里出问题了吗？

我们将画线部分的推理拿出来整理一下。

在看米特·罗姆尼照片的时候杏仁核出现了活动。　①
感到不安时杏仁核会出现活动。　②
所以，对米特·罗姆尼感到不安。　③

对候选人照片感到不安并不能与其作为总统候选人所带给人的不安直接联系起来，所以，或许有人会觉得这里有问题。但是，这个推理的错误还要更大。请比较下面的P和Q。

P：感到不安的时候杏仁核会出现活动。
Q：只有感到不安的时候杏仁核才会出现活动。

P和Q不同。"感到不安的时候杏仁核会出现活动"并不意味着"只有感到不安的时候杏仁核才会出现活动"。

所以，即使在没有感到不安的时候，杏仁核也可能会出现活动。据说在愤怒、悲伤以及激动的时候杏仁核都会出现活动。因此，不能根据某个人的杏仁核出现了活动便断定那个人感到不安。虽然有可能是感到不安，但也有可能是看到罗姆尼的脸而感到兴奋激动。

进一步讲，同样的错误在画线部分之外也可以看到。即便感到纠结时带状回的确会出现活动，也并不能因带状回出现了活动便断定被试者感到了纠结。虽然感到厌恶时岛皮质会出现活动，但由岛皮质出现活动就得出被试者感到厌恶的结论，是一种武断性错误。

这些错误全都是"误用了相反"。是的，"相反、倒换、对偶"中的"相反"。一般来讲，即使"如果 P 则 Q"为真，其相反"如果 Q 则 P"也未必为真。"如果 P 则 Q"并不意味着"只有 P 的时候才 Q"，所以，并非 P 的时候也可以是 Q。因此，即便"如果 P 则 Q"为真，由 Q 得出结论 P 也是一种武断性错误。

此类错误在生活中相当常见，生活中看到的演绎错误大多是这种类型的错误。因此，希望大家牢记下面的话。

> 相反（倒换）未必为真！

"相反未必为真"，这句话大家听说过吧。这里为了进一步追求准确性，也加上"倒换未必为真"。为了理解这句话的意思，必须先理解相反、倒换、对偶。

再来看一下例 11。

例 11

A：如果星期一是节日，博物馆就星期二休馆。

A 的相反：如果博物馆星期二休馆，星期一就是节日。

A 的倒换：如果星期一不是节日，博物馆就不星期二休馆。

A 的对偶：如果博物馆星期二不休馆，星期一就不是节日。

请大家先理解一点，A 的相反和 A 意思并不相同。A 是"如果星期一是节日，博物馆就星期二休馆"。这句话完全没有说星期一不是节日的时候博物馆是否会在星期二休馆。即使星期一不是节日，也可能会因为更换陈列或者星期二是节日之类的原因而出现星期二休馆的情况。所以，即使 A 为真，A 的相反"如果博物馆星期二休馆，星期一就是节日"也未必为真。

同理，即使 A 为真，A 的倒换"如果星期一不是节日，博物馆就不星期二休馆"也有可能为假。星期二可能会因为遇上节日或者修复施工而休馆。

A 为真时，也势必与之联动为真的是 A 的对偶。写在一起看一下吧。

A：如果星期一是节日，博物馆就星期二休馆。

A 的对偶：如果博物馆星期二不休馆，星期一就不是节日。

意思就是，当 A 为真时，如果博物馆星期二不休馆，星期一就不是节日。因为星期一是节日的话才会星期二休馆。也就是说，当 A 为真时，A 的对偶也势必为真。

一般来说，A 和 A 的对偶为等值。

如果 P 则 Q ≡ 如果 not Q 则 not P

练习问题 12　请分别写出命题 A 的相反、倒换、对偶。

（1）A：如果我家漏电，我家的电费就会上升。

（2）A：如果野上君不到 18 岁，野上君就没有选举权。

问： "如果台风来了她就在家"的对偶是"如果她不在家台风就不来"吗？若是如此，似乎就成了如果她不在家的话台风就不来了，那她的能量也太大了吧！

答： 说"如果她不在家台风就不来"的确有点儿奇怪。但是，若"她不在家"为真，那也就意味着"台风不来"亦为真，这么想或许就不觉得奇怪了。也就是换种措辞的问题，如果说"她不在家就意味着台风不来"的话，就不会觉得奇怪了。

这种情况下的"如果 P 则 Q"表示的是一种因果关系，意为"P 的时候，会因此而 Q"。如果将此大致改成对偶的形式，就成了"如果非 Q，就会因此非 P"（如果她不在家的话，台风就会因此而不来），其中的因果关系会变得有些奇怪。因此，"P 的时候，会因此而 Q"之类的情况，其对偶可以理解为"非 Q 的时候，那就意味着引起 Q 的原因 P 没有出现"。

7.3 "F 是 G"的相反、倒换、对偶

能够造出相反、倒换、对偶的并不是只有"如果 P 则 Q"这一类型的命题。"企鹅是鸟"之类的命题也可以造出相反、倒换、对偶。

例 12

　　A：企鹅是鸟。
　　A 的相反：鸟是企鹅。
　　A 的倒换：不是企鹅的不是鸟。
　　A 的对偶：不是鸟的不是企鹅。

　　A 为真，但 A 的相反和倒换却为假。A 的对偶"不是鸟的不是企鹅"为真，因为如果不是鸟的话，那就不是企鹅。
　　也就是说，这里与 A 联动为真的只有对偶，"相反（倒换）未必为真"在这里依然适用。
　　一般来说，在"F 是 G"这种主谓语齐全的句子中，那些像"F 全都是 G"一样含有"全部"意思的句子，就可以造出它的相反、倒换、对偶。如果将"不是 F 的"写作"not F"，"不是 G 的"写作"not G"，下述内容则成立。

　　A：F 是 G。
　　A 的相反：G 是 F。
　　A 的倒换：not F 是 not G。
　　A 的对偶：not G 是 not F。

问：之前都是"P""Q",为什么这里变成了"F""G"呢?

答："如果 P 则 Q"中的"P"和"Q"是命题,也就是能判断真假的句子。与此相对,"F 是 G"中的"F"和"G"并不是句子,而是像"企鹅"或"鸟"之类的词语。所以要换一下表达方式。不过,大家也不必太过在意。(即使如此,如果还是要为那些疑惑于为什么是"F"的人解释一下的话,那就是"F"是意为"函数"的英语单词"function"的首字母。对于为什么函数会出现在这里,将在第二篇中加以说明。)

我们接着讲。"睡鼠冬眠"之类的命题与"F 是 G"这种形式稍有不同(也许可以写作"F 进行 G"),但也可以对这类命题造出相反、倒换、对偶。

例 13

A：睡鼠冬眠。

A 的相反：冬眠的是睡鼠。

A 的倒换：不是睡鼠的不冬眠。

A 的对偶：不冬眠的不是睡鼠。

下面会将由主谓语构成的命题统一写作"F 是 G",请大家记住这种形式的命题中也包含"睡鼠冬眠"之类的命题。

"如果 P 则 Q"和"F 是 G"都可以造出相反、倒换、对偶，因为两者存在共同的结构。这一点请允许我再稍做说明。

在说明"如果 P 则 Q"时，此处所处理的"如果 P 则 Q"这类命题意为"P 为真时 Q 通常亦为真"，这一点前面已经讲过了。刚刚分析的"F 是 G"这类命题意为"F 全都是 G"。大家不觉得"通常"和"全都"之间存在着相同的意味吗？

两者都是"如果是○○则应该是××"这种结构。

如果是○○则应该是××。
但是，并非××。
也就是说并非○○。

这就是如果 A 为真则 A 的对偶亦为真的说明。

相反和倒换如何呢？假设○○的时候应该是××。但是，并不能由此知道并非○○的时候会怎样。

如果是○○则应该是××。
并非○○的时候呢？
那时并不知道是 ×× 还是并非 ××。

所以，不能因"○○的时候应该是××"而断定"并非○○的时候就并非××"。也就是说，倒换未必为真。

此外，虽然○○的时候是××，但并非○○的时候也有可能是××，所以，不能断定"××的时候则应该是○○"。也就是说，相反未必为真。

如此一来，与"○○的时候则是××"联动为真的就只有其对偶"并非××的时候则并非○○"。

练习问题 13　分别造出命题 A 的相反、倒换、对偶。
　　（1）A：西红柿是蔬菜。
　　（2）A：鸵鸟不在天空中飞翔。

7.4　将德·摩根定律和对偶相结合

一旦关涉到德·摩根定律，对偶就会变得稍微复杂一些。先来复习一下德·摩根定律。

联言和选言的德·摩根定律
（1）not（P 并且 Q）≡ not P 或者 not Q
（2）not（P 或者 Q）≡ not P 并且 not Q

问题 8　请用德·摩根定律造出下列命题的对偶。
　　杀人者处以死刑或者徒刑。

"如果 not（处以死刑或者徒刑），就不是杀人者"便是其对偶形式。若是将德·摩根定律用于"not（处以死刑或者徒刑）"，那便成了"没被处以死刑和徒刑"。

问题 8 的解答　如果没有被处以死刑和徒刑，那就不是杀人者。

"不是杀人者"与"没杀人者"是同样的意思。
顺便写出该句所依据的刑法[⊖]第 199 条。

杀人者处以死刑或者无期或五年以上的徒刑。

这里有"或者"和"或"这样的法律特有措辞。首先可大致分为"死刑或者徒刑"。接着，徒刑又可分为"无期或五年以上"。此时，大致分类的"或者"写作"又は"，而进一步细致分类的"或"则写作"若しくは"，这是法律方面的措辞。

因此，如果要说午饭吃炒饭或者拉面，若是拉面就选味噌面或红烧面，在法律用语中就必须说"吃炒饭或者味噌面或红烧面"。

如果只用"或者"来写，便成了下面这个句子。

杀人者处以死刑，或者处以无期徒刑，或者处以五年以上的徒刑。

前面只分析了"P 或者 Q"这样的形式，当然也有"P 或者 Q 或者 R"或"P 并且 Q 并且 R"之类的命题。有三个以上命题的情况，德·摩根定律和两个命题时一样适用。

not(P 并且 Q 并且 R) ≡ not P 或者 not Q 或者 not R。
not (P 或者 Q 或者 R) ≡ not P 并且 not Q 并且 not R。

⊖ 此处指日本的刑法。——译者注

如果用"并且"改写刑法第199条,情况如下。

如果没有被处以死刑并且没有被处以无期徒刑,也没有被处以五年以上的徒刑,那就不是杀人者。

练习问题 14 用德·摩根定律写出下列命题的对偶。
(1)鸭嘴兽是哺乳类,卵生。
(2)芳贺君一饿或者一困就会变得很沉默。

第 8 章

对偶论证法

因为命题 A 和 A 的对偶等值,所以下面的演绎成立。

如果 P 则 Q
not Q
所以,not P

这种论证法在逻辑学上叫"否定后件式",但由于其利用了对偶,这里称其为**"对偶论证法"**。

例 14 如果蝾螈是爬行动物,蝾螈就有鳞。蝾螈没有鳞。
所以,蝾螈不是爬行动物。

蝾螈和青蛙一样,属两栖纲。虽然长得与蝾螈相似,但壁虎是爬行动物,壁虎有鳞。

此外,"F 是 G"形式的命题也可以造出对偶,所以利用了对偶论证法的下列演绎成立。

例 15　猪肉酱汤里放猪肉。杂烩汤里不放猪肉。
　　　　所以,杂烩汤不是猪肉酱汤。

这里重要的依然还是牢记"相反(倒换)未必为真"这一条。例如,下面的推理就不是正确的演绎。

例 16　如果沙丁鱼是爬行纲,沙丁鱼就有鳞。沙丁鱼不是爬行纲。
　　　　所以,沙丁鱼没有鳞。

例 17　杂烩汤里不放猪肉。蚬酱汤里不放猪肉。
　　　　所以,蚬酱汤是杂烩汤。

为了明确说法,先来复习一下"演绎"。演绎就是倘若认可前提为真则势必得认可结论亦为真的推理。所谓"错误的演绎"原本就是作为演绎不成立的,所以"正确的演绎"这一说法有点儿冗长(与"重要贵重品"的说法类似),但大家不必过于细究。

例 14 和例 15 是正确的演绎。请确认一下。

但是,例 16 如何呢?虽然前提为真,但结论却为假。虽然爬行动物的确有鳞,但并非只有爬行动物有鳞。这是一个使用了倒换的推理。

例 17 是使用了相反的推理。说什么如果不放猪肉就是杂烩汤，这实在是不合常理。虽然杂烩汤里不放猪肉，但并非只有杂烩汤是不放猪肉的料理。

前面已经说过了，仅仅注意一下使用相反和倒换的推理，日常演绎的错误就能大大减少。我们来做一下练习。

练习问题 15 下面的推理作为演绎正确的画○，错误的画 ×。

（1）逻辑学具有逻辑性。文学不是逻辑学。

所以，文学没有逻辑性。

（2）逻辑学具有逻辑性。数学具有逻辑性。

所以，数学是逻辑学。

（3）逻辑学具有逻辑性。艺术没有逻辑性。

所以，艺术不是逻辑学。

给无法顺利得出答案的人稍稍做一下提示。

A：逻辑学具有逻辑性。

A 的相反：如果具有逻辑性就是逻辑学。

A 的倒换：如果不是逻辑学就没有逻辑性。

A 的对偶：没有逻辑性的不是逻辑学。

如此一来可以看出，（1）是根据文学不是逻辑学推导出文学没有逻辑性，利用了倒换的推理"如果不是逻辑学就没有逻辑性"。

练习问题 16 下面的推理作为演绎正确的画○，错误的画 ×。

（1）江户川区位于东京都。迪士尼乐园不在江户川区。

所以，迪士尼乐园不在东京都。

（2）这种虫子如果是团子虫，一碰它就会蜷曲起来。这种虫子即使碰它也不蜷曲起来。

所以，这种虫子不是团子虫。

（3）日野君很开心时会展露笑容。现在日野君就露出了笑容。

所以，日野君现在很开心。

练习问题 17 请说明下面的推理错在哪里。

（1）回声号会在三岛站停。这辆列车正停在三岛站。

所以，这辆列车是回声号。

（2）回声号会在三岛站停。这辆列车不是回声号。

所以，这辆列车不会在三岛站停。

练习问题 18 下面的推理作为演绎正确的画○，错误的画 ×。

（1）学完了哲学的学生也学了逻辑学和宗教学。藤田没有学宗教学。

所以，藤田没有学哲学。

（2）边见君如果既有时间又有钱就会去旅行。边见君最近没有去旅行。

所以，边见君最近没有时间。

（3）如果点 A 套餐或 B 套餐就会有杏仁豆腐。我点的午餐没有杏仁豆腐。

所以，我点的午餐不是 A 套餐。

推移律

由"如果 P 则 Q"和"如果 Q 则 R"可以演绎出"如果 P 则 R"。这是被称为"推移律"的推理。很多推理都可以用这种论证方法和对偶论证法进行分析。

例 18　如果不提交报告就无法取得学分。如果取得不了学分就会留级。所以，如果不提交报告就会留级。

例 19　如果不提交报告就无法取得学分。如果取得不了学分就会留级。这个班的学生全都没留级。
　　所以，这个班的学生全都提交了报告。

　　例 18 是单纯的推移律例子。
　　例 19 是将推移律和对偶论证法相结合。由"如果不提交报告就无法取得学分"和"如果取得不了学分就会留级", 利用推移律推导出"如果不提交报告就会留级"。由这个班的学生都没有留级, 利用对偶论证又可以得出这个班的学生全都提交了报告的结论。

在此基础上, 我们来做几道题。

练习问题 19　假设下面的①和②为真。

①如果来来轩营业午饭就在来来轩吃。

②上海亭休息的日子来来轩就会营业。

请说明根据①和②能否正确演绎出下列内容。

（1）上海亭休息的日子午饭就在来来轩吃。

（2）不在来来轩吃午饭的日子午饭就在上海亭吃。

练习问题 20　假设下面的①和②为真。

①如果不能去上课就无法取得学分。

②如果打工或课外活动太忙就无法去上课。

请说明根据①和②能否正确演绎出下列内容。

（1）如果课外活动太忙就无法取得学分。

（2）如果取得了学分, 就说明打工不忙。

提一点建议。在还不是很熟悉的时候, 最好还是先把对偶全部写出来。先写出①的对偶和②的对偶。然后再仔细审视①和②以及①的对偶和②的对偶, 并利用推移律进行思考。

练习问题 20 的②在造对偶的时候还可以使用德·摩根定律。

练习问题 21　假设下面的①~③为真。

①有趣且有益的课很受学生欢迎。

②受学生欢迎的课选修者很多。

③我的课有益但选修者很少。

请说明根据①~③能否正确演绎出下列内容。

我的课没有趣。

练习问题 22　假设下面的①~③为真。

①如果是迪士尼迷就曾去过迪士尼乐园。

②如果去过迪士尼乐园并且喜欢轨道飞车就曾坐过太空山过山车。

③保坂君没有坐过太空山过山车。

请说明根据①~③能否正确演绎出下列内容。

保坂君不是迪士尼迷。

第 10 章

归 谬 法

再介绍一种能够利用否定、联言、选言、假言进行推理的演绎。

假定某个命题 P，然后假设若是基于假定命题 P 进行演绎便会产生矛盾。那也就是说，P 这一假定命题无法成立，从而得知假定命题 P 为假。因此，可以得出结论 not P。

这种演绎被称为"**归谬法**"。

严密的归谬法在日常生活中几乎不会用到。不过，下面这些例子虽然不是严密的归谬法，但或许可以说是归谬

法"式"的议论。

例 20　如果按照这份学习计划,即使取得全部学分,你的学分数也不够。
　　所以,你必须重新思考一下学习计划。

这种论证法先假定某件事,然后推理说如果按照那种假定情况就麻烦了,并由此得出否定那种假定的结论,可以说是归谬法"式"的论证。但是,逻辑学所说的归谬法始终是由假定命题 P 推导出矛盾从而得出结论 not P。"学分数不够"虽然也是一件麻烦事,但并不是什么矛盾。矛盾是同时主张某个命题的肯定和否定。

问：感觉这与之前的演绎相当不同啊……对偶论证法和推移律采用的是由前提推导出结论的形式。但是,这个不一样啊。

答：注意到了吗?之前看到的演绎是"倘若认可前提为真则势必得认可结论亦为真的推理",所以,前提为假的时候,即使作为演绎正确,结论也未必为真。要证明结论为真,必须先证明两点：前提为真,且作为演绎正确。

　　然而,归谬法是"若假定 P 则会产生矛盾。所以,not P",仅仅通过这一点就可以证明 not P 这一结论为真。

根据为真的前提通过正确的演绎证明结论为真，这类推理也叫作"直接证明"，而像归谬法之类的推理又叫作"间接证明"。由为真的前提演绎出结论就好似行走在一条直线上，所以说是"直接"，而归谬法则是"先想象一下 P，但若是那样的话就会出现矛盾，所以并非 P"之类的绕道感觉，也就是"间接"。

问： 归谬法中有"假定 P"，这与在之前的演绎中看到的"前提"不一样吧？

答： 是的，不一样。例如，利用对偶论证法演绎"如果 P 则 Q。not Q，所以，not P"的时候，"如果 P 则 Q"和"not Q"是证明"not P"这一结论为真的前提。

然而，"假定"是为了讨论若其为真则会如何而设立的命题，所以，其始终是"假设"可以成立的命题。因此，一旦根据归谬法得出了结论，假定便不再有用，也就是说，为了最终被否定而假设成立的命题才叫作假定。

请大家明确区分"前提"和"假定"这两个词语。

我们来看一下归谬法的具体例子。不过，虽然在像逻辑学或数学那样使用严密演绎的学问中归谬法是非常重要的论证法，但在日常生活中，这种严密的归谬法并不怎么用到。所以，这里请大家通过稍微带点儿智力测验题意味的问题学习一下归谬法这种证明方式。

例 21 如果前田君和水田君来参加典礼，向井君就不来参加典礼。

若是前田君来参加典礼，水田君也来参加典礼。

所以，前田君和向井君不会同时来参加典礼。

即使不使用归谬法也可以证明这个演绎的正确性，不过，现在使用一下归谬法。

为了使用归谬法进行证明，首先假定想要证明的命题的否定。现在想要证明的是"前田君和向井君不会同时来参加典礼"这一命题，所以，将其加以否定，假设"前田君和向井君并非不会同时来参加典礼"，双重否定等于肯定，因此，假定"前田君和向井君会同时来参加典礼"这一命题。然后只要说明由这一假定和两个前提会导出矛盾就可以了。

假定　前田君和向井君会同时来参加典礼。

①如果前田君和水田君来参加典礼，向井君就不来参加典礼。

②若是前田君来参加典礼，水田君也来参加典礼。

由此导出矛盾。根据假定，前田君会来参加典礼。

根据前田君来参加典礼这一条和②，水田君也会来参加典礼。

根据前田君和水田君来参加典礼这一条和①，向井君不会来参加典礼。

可是，根据假定，向井君会来参加典礼。

这就出现了矛盾。

所以，假定被否定，就能够得出结论"前田君和向井君不会同时来参加典礼"。

问题 9　关于目黑君和元木君参加的运动会项目，假设下面的①～③为真。请据此用归谬法证明目黑君会参加赛跑项目。

　①如果目黑君不参加赛跑项目，元木君就参加接力赛跑。
　②如果目黑君参加接力赛跑，元木君就不参加接力赛跑。
　③如果目黑君不参加接力赛跑，目黑君就参加赛跑项目。

可能有人会被这个问题整糊涂。不过，请不必太过在意。如前所述，在日常生活中，严密的归谬法并不怎么会用到。这里的关键是理解有这种类型的证明存在。

即便自己无法证明，看了答案之后能够理解也可以。

问题 9 的提示　首先确认想要证明的结论。"目黑君会参加赛跑项目"是想要证明的结论。要想用归谬法进行证明，就要假设出其否定。然后，根据假定和①～③推导出矛盾。

　假定　目黑君不参加赛跑项目。
　①如果目黑君不参加赛跑项目，元木君就参加接力赛跑。
　②如果目黑君参加接力赛跑，元木君就不参加接力赛跑。
　③如果目黑君不参加接力赛跑，目黑君就参加赛跑项目。

在还不是很熟悉的时候，如果能够造出对偶的命题也请造出其对偶。然后将它们排列开来加以审视，……是不是就能够看出证明思路了？

问题 9 的解答例（也有其他解法。）

假设目黑君不参加赛跑项目。

根据这个假设和①，可以推导出元木君会参加接力赛跑。

根据元木君参加接力赛跑这一点和②，利用对偶论证法，可以推导出目黑君不参加接力赛跑。

根据目黑君不参加接力赛跑这一点和③，可以推导出目黑君参加赛跑项目。可是，这与"目黑君不参加赛跑项目"这一假设相矛盾。

否定假设之后就可以得出目黑君会参加赛跑项目的结论。

练习问题 23　关于逻辑学、宗教学、哲学三个科目的及格与不及格问题，假设下面的①～③为真。请据此用归谬法证明安近君逻辑学及格了。（假设只有及格和不及格这两种情况。）

①宗教学不及格的人逻辑学及格了。

②哲学及格的人宗教学不及格。

③哲学不及格的人逻辑学及格或者宗教学不及格。

第 11 章

全称命题、存在命题、单称命题

我们要学的符号逻辑学是命题逻辑及将其扩展之后的谓词逻辑，第一篇也与之相对应，前半部分为命题逻辑，后半部分为谓词逻辑。命题逻辑的前半部分到上一章结束，接下来进入与谓词逻辑相对应的第一篇的后半部分。虽说如此，但谓词逻辑是命题逻辑的扩展，也包含命题逻辑，所以之前学的内容接下来也一样适用。

之前所讲的内容是利用否定、联言、选言、假言所进行的演绎。这与符号逻辑学的命题逻辑相对应。接下来讲的内容与谓词逻辑相对应，在之前四个词语的基础上再去思考"所有"和"有的（存在）"这两个词。加上这两个词语最大的好处就是会使表现力大大增强。（逻辑学中把给命题附加上"所有"或"有的（存在）"称为"量化"，第二篇将会导入这样的用语，还会出现一些其他新用语，所以，现在就尽量减少较难词语的运用吧。）

在讲"所有"和"有的（存在）"这两个词语前先明确一下猫和阿春、阿杏的关系。这里所说的"阿春""阿杏"分别是赋予特定的某只猫的专有名词（我饲养的猫的名字）。与此相对，"猫"则是阿春、阿杏，或者别人家的三毛、小玉，又或者其他连名字都没有的猫的汇集。这种各个个体的汇集叫作"集合"。"集合"是一个数学用语，有更精确的定义，但这里大家可以先将其大体理解为"事物的汇集"。

区别下列三个命题是接下来分析有关"所有"和"有的（存在）"的演绎的基础。

例22
（1）阿杏是一只"哈奇瓦雷（钵割）"。
（2）所有的猫都打呼噜。
（3）有的猫会游泳。

（1）是关于特定猫的命题（所谓"哈奇瓦雷（钵割）"是说脸部分为八字形样的两种颜色）。这种关于特定的单个事物的命题叫作"**单称命题**"。
（2）和（3）与之相对，以猫的集合为话题。
（2）阐述属于猫之集合的所有猫打呼噜。这种命题叫作"**全称命题**"。
（3）是说在猫这一集合中存在着会游泳的猫，这样的命题叫作"**存在命题**"。

重复一遍的话就是，阐述特定个体如何的命题是单称命题，阐述某特定集合的所有事物如何的命题是全称命题，阐述某个集合中的某些事物如何的命题是存在命题。

练习问题 24 区分一下（1）～（6）中的单称命题、全称命题、存在命题。

（1）汤本君没去参加成人礼。

（2）哲学家都是懒汉。

（3）所有的老虎都不冬眠。

（4）富士山是日本第一高山。

（5）有的鱼没有鳞。

（6）有上映时间超过 1 周的电影。

问："横见君在日本国内的所有车站都下车了"之类的句子是单称命题还是全称命题呢？

答：这是一个关于横见君这个人的句子，在这一点上它是单称命题，而它又是一个关于所有车站的句子，在这一点上它是全称命题。像这样，单称命题、全称命题、存在命题有时会混杂在一个命题之中。

问："有的教师让所有学生都及格了"这一命题如何呢？

答："有的教师……"是存在命题的说法，"所有学生"则是全称命题的说法。这是一个全称命题和存在命题相混合的命题，这样的命题后面再详加分析。

问： "大部分学生都及格了"这一命题是全称命题吗？

答： 全称命题是"所有的……"之类的命题，所以，"大部分……"并不是全称命题，但或许也可以说是全称命题的"亲属"。

本书只讨论"所有"和"有的（存在）"，并不讨论"大部分"之类的说法。并不是逻辑学不涉及这类说法，而是本书作为逻辑学入门书暂不讨论太复杂的内容，只简单讲解"所有"和"有的（存在）"。

> ✧ **重点用语**
>
> 单称命题：阐述特定个体如何的命题。
> 全称命题：阐述某特定集合的所有事物如何的命题。
> 存在命题：阐述某个集合中的某些事物如何的命题。

运用"所有"和"有的"的演绎

例 23　一年级学生全都及格了。罗臼君是一年级学生。
　　　　所以，罗臼君及格了。

这是正确的演绎。也就是说，若认可两个前提为真则势必认可结论亦为真。"相反（倒换）未必为真"这一条在这里同样重要。加上"所有"和"有的"以后，往往更容易犯使用相反和倒换的错误。请大家注意。

问题 10　请说明下面的推理错在哪里。
　　　　一年级学生全都及格了。利尻君不是一年级学生。
　　　　所以，利尻君没有及格。

问题 11　请说明下面的推理错在哪里。
　　　　一年级学生全都及格了。留萌君及格了。

所以，留萌君是一年级学生。

问题 10 的解答　"一年级学生全都及格了"并不意味着"只有一年级学生及格了"。所以，即使利尻君不是一年级学生，也有可能及格。

问题 10 的推理是由"一年级学生全都及格了"推导出"如果不是一年级学生就不及格"，是使用倒换的错误。

问题 11 的解答　"一年级学生全都及格了"并不意味着"只有一年级学生及格了"。所以，即使留萌君及格了，也存在着留萌君是其他年级学生的可能性。

问题 11 的推理是由"一年级学生全都及格了"推导出"如果及格了就是一年级学生"，是使用相反的错误。

与此相对，对偶论证法则是正确的演绎。

例 24　一年级学生全都及格了。礼文君没及格。
　　　　所以，礼文君不是一年级学生。

如果礼文君是一年级学生，礼文君就应该及格了，但是礼文君没有及格，所以，可以得出礼文君不是一年级学生的结论。

在全称命题的组合中也可以使用对偶论证法。

例 25 轻型卡车的发动机总排气量都在 660cc 以下。三轮卡车的发动机总排气量都超过 660cc。

所以，三轮卡车不是轻型卡车。

顺便说一下，提到三轮卡车或许有人会想到大发的微型车，但那种微型车是轻型汽车规格的三轮卡车，是所谓的"轻型三轮"。（其实也无所谓啦。）

问： 这不是与第 7 章讲的"F 是 G"有相反、倒换、对偶，而与"F 是 G"等值的只有对偶"not G 是 not F"一样吗？

答： 正是如此。7.3 节中举了"企鹅是鸟"这样的命题为例，这是说"所有的企鹅都是鸟"，是全称命题。也就是说，那时以"F 是 G"这一形式所分析的其实是"所有的 F 都是 G"这样的全称命题。

问： 单称命题可以造出相反、倒换、对偶吗？"礼文君及格了"的对偶感觉也可以是"如果没及格就不是礼文君"吧。

答： 针对单称命题，无法造出相反、倒换、对偶。其中的原因相当难说明。

7.3 节中也进行了说明，"如果 P 则 Q"和"F 是

G"这样的命题之所以可以造出相反、倒换、对偶，是因为两者都是"如果是○○则应该是××"这样的结构。然而，单称命题不是这种结构吧？"礼文君及格了"与"如果是礼文君就应该及格了"并不相同。

倘若是"如果那个人是礼文君，那个人就及格了"这样的命题，就能够造出其对偶"如果那个人没及格，那个人就不是礼文君"。关键是"礼文君及格了"和"如果那个人是礼文君，那个人就及格了"并不一样。也许在日常措辞中感觉不到太大的差异。

然而，逻辑学会严格区分"礼文君及格了"和"如果那个人是礼文君，那个人就及格了"这两个命题。"礼文君及格了"是只有主语和谓语成分的命题，而"如果那个人是礼文君，那个人就及格了"是用"如果"将"那个人是礼文君"和"那个人及格了"这两个命题连接起来而成。用语法用语来讲，前者是单句，后者是复句。

第二篇会讲符号逻辑学，那一部分会符号化地说明即使我们想对单称命题造出相反、倒换、对偶也造不出来。不过，现在是在日常语言范围进行思考，所以，这一点也许势必会存在一定的模糊性吧。

说得有点儿过于冗长了，我的建议就是现在可以先不去在意这一点。

问： 虽然你说不必在意这一点，但我还是想再问一下，"有的F是G"这种存在命题的相反、倒换、对偶是怎样的呢？

答： 存在命题也没有相反、倒换、对偶。这一点比较容易说明，所以在此好好说明一下。

有些命题之所以能够造出相反、倒换、对偶，是因为具有"如果是〇〇则应该是 ××"这样的结构。"所有的 F 都是 G"这类全称命题可以说是"如果是〇〇则应该是 ××"。但是，"有的 F 是 G"这类存在命题只是说 F 中有 G，所以，或许也有不是 G 的，并不能说"如果是〇〇则应该是 ××"。因此也就不能由不是 G 得出不是 F 的结论。也就是说，无法造出其对偶。

例如，我们来看一下"有的哲学家是懒汉"这一命题。这并不是说"如果是哲学家就是懒汉"，所以，也就不能由不是懒汉得出不是哲学家的结论。没法造出其对偶。

问： 现在我在想，"有的哲学家是懒汉"和"有的懒汉是哲学家"或许是等值的？

答： 的确如此。关于这一点，我也要说明一下。

"有的哲学家是懒汉"是什么意思呢？其意思是"有这样一种人，其既是哲学家又是懒汉"。

"有的懒汉是哲学家"又是什么意思呢？其意思是"有这样一种人，其既是懒汉又是哲学家"。并列起来看一下吧。

有这样一种人，其既是哲学家又是懒汉。
有这样一种人，其既是懒汉又是哲学家。

它们是等值的。全称命题的情况下,"所有的哲学家都是懒汉"和"所有的懒汉都是哲学家"并非等值,但存在命题的情况下,"有的哲学家是懒汉"和"有的懒汉是哲学家"是等值的。这一点大家只要大致了解就可以了。

我们接着来看一些与"所有"和"有的(存在)"相关的演绎。

例26 一年级学生全都及格了。这个班里有一年级学生。
所以,这个班里有及格的学生。

这个班里有一年级学生,虽然并不知道具体是谁,但因为说一年级学生全都及格了,所以班里并不知道具体是谁的一年级学生也应该及格了。

例27 一年级学生全都及格了。这个班里有不及格的学生。
所以,这个班里的学生有不是一年级的。

这个班里有不及格的学生,而因为一年级学生全都及格了,所以不及格的学生应该不是一年级的。因此,可以得出结论——这个班里的学生有不是一年级的。这里使用了对偶论证法。

这里也必须注意使用相反或倒换所造成的错误。

例28 一年级学生全都及格了。这个班里有及格的学生。
所以,这个班里有一年级学生。

例 29　一年级学生全都及格了。这个班里没有一年级学生。
　　　　所以，这个班里没有及格的学生。

　　已经不需要再多加说明了吧。"一年级学生全都及格了"并不意味着"只有一年级学生及格了"，所以，既不能因为及格了就断定其是一年级学生（使用相反的错误——例 28），也不能因为不是一年级学生便断定其不及格（使用倒换的错误——例 29）。
　　此外，下面的推理也不是正确的演绎。

例 30　有的一年级学生及格了。这个班里有一年级学生。
　　　　所以，这个班里有及格的学生。

　　虽然知道有及格的一年级学生和这个班里有一年级学生，但并不知道那是否为相同的人。所以，并不能据此得出这个班里有及格的学生的结论。
　　再举一个例子。

例 31　有价格便宜的店。有味道上乘的店。
　　　　所以，有价格便宜且味道上乘的店。

　　前提中说"有价格便宜的店"，又说"有味道上乘的店"，但并不知道是否为相同的店。所以，并不能由这两个前提得出"有价格便宜且味道上乘的店"的结论。当然，世上或许存在价格便宜且味道上乘的店，但是，这并不是由"有价格便宜的店"和"有味道上乘的店"这样的前提演绎出来的。

练习问题 25 下面的推理作为演绎正确的画○，错误的画 ×。

（1）逻辑学家全都具有逻辑性。世上有具有逻辑性的人。

所以，世上有逻辑学家。

（2）电车的车体标识符号中含有"モ"字的是带有发动机的车辆。

电车中有不带发动机的。

所以，电车的车体标识符号中有不带"モ"字的。

（3）一看难的书就犯困。哲学书中有不难的书。

所以，哲学书中也有看了不会犯困的书。

（4）卵生动物没有肚脐。哺乳类动物中有卵生动物。

所以，哺乳类动物中有没有肚脐的动物。

（5）鸟类中有在水中游泳的。鸟类中有不会飞的。

所以，有不会飞而在水中游泳的鸟。

第 13 章

全称和存在的德·摩根定律

13.1 全称的否定即否定的存在，存在的否定即否定的全称

全称和存在的德·摩根定律也适用于全称命题"所有的 F 都是 G"和存在命题"有的 F 是 G"的否定。（无论是联言和选言，还是全称和存在，都是德·摩根的研究，都被称为"德·摩根定律"。）

我们先来看一下全称命题的否定。下面这个全称命题的否定会是怎样呢？

P：所有的饺子里都放了大蒜。

所谓否定某个命题，就是主张那个命题为假。我们来想一想"所有的饺子里都放了大蒜"这个命题为假会是什么情况。

只要发现一个没有放大蒜的饺子，P 就为假。发现更多的话，当然也为假。至少有一个没有放大蒜的饺子，就是命题 P 为假的情况。

至少有一个没有放大蒜的饺子，正是存在命题。这就是 not P。

not P：有没放大蒜的饺子。

接下来看一看存在命题的否定。

P：有的水族馆免费入场。

P 主张至少有一个免费入场的水族馆，所以，其为假的情况就是没有一个免费入场的水族馆。若用全称命题表达便是"所有的水族馆都不免费入场"。

not P：所有的水族馆都不免费入场。

将以上内容做一般化理解便是下列情况。

对于"所有的 F 都是 G"这种全称命题，只要有一个以上不是 G 的 F 存在，其便为假，所以，这种全称命题的否定就是"有的 F 是 not G"。

对于"有的 F 是 G"这种存在命题，当不存在是 G 的 F 时，其便为假，也就是"所有的 F 都是 not G"的情况，所以，这便是"有的 F 是 G"这种存在命题的否定。

结合联言和选言的德·摩根定律，总结如下。

联言和选言的德·摩根定律

（1）not(P 并且 Q) ≡ not P 或者 not Q

（2）not(P 或者 Q) ≡ not P 并且 not Q

全称和存在的德·摩根定律

（1）not（所有的 F 都是 G）≡ 有的 F 是 not G

（2）not（有的 F 是 G）≡ 所有的 F 都是 not G

13.2　全称类似联言，存在类似选言

将联言和选言的德·摩根定律与全称和存在的德·摩根定律放在一起，或许有人会觉得它们很相似。将上面的四条定律再做进一步概括性、明确性表达，具体如下。

联言和选言的德·摩根定律：

（1）"联言的否定"即"否定的选言"。

（2）"选言的否定"即"否定的联言"。

全称和存在的德·摩根定律：

（1）"全称的否定"即"否定的存在"。

（2）"存在的否定"即"否定的全称"。

很相似吧？实际上，联言和全称、选言和存在，分别

有着相似之处。稍微就此谈一下。这里大家放松阅读即可。

假设世上只有三头猪，名字分别是"阿噗""阿呋"和"阿呜"。这时，"猪全都是懒汉"这一全称命题就是说阿噗、阿呋、阿呜都是懒汉，所以，意思便等同于"阿噗是懒汉，并且，阿呋是懒汉，并且，阿呜是懒汉"。也就是说，若对象只有三个，全称命题就是用"并且"将有关那些对象的三个单称命题连接起来。

同样，"有懒汉"这一存在命题则是说阿噗、阿呋或者阿呜中的某个或某些是懒汉，所以，意思便等同于"阿噗是懒汉，或者，阿呋是懒汉，或者，阿呜是懒汉"。也就是说，若对象只有三个，存在命题就是用"或者"将有关那些对象的三个单称命题连接起来。

即使对象多于三个，道理也是一样的。倘若对象数量是1亿个，全称命题就是1亿个单称命题的联言，存在命题就是1亿个单称命题的选言。说起来，全称命题和存在命题发挥其功效的情况似乎正是对象数是无限个的时候。感觉似乎讲得有点儿深奥了，这个话题就到此为止。全称和联言、存在和选言分别存在相似之处，并且，联言和选言与全称和存在之间分别适用德·摩根定律，大家只要能明白这一点就可以了。

关于全称和存在的德·摩根定律，还要做一些练习，但在那之前，先谈一谈有关"所有"和"有的"的稍显复杂之处。

13.3　即使野槌蛇不存在，也可以说"所有的野槌蛇……"

"所有的饺子都放了大蒜"和"所有的饺子都没放大蒜"之间的关系是怎样的呢？一个直接的感觉或许是似乎看到了在 3.3 节"否定和反对"中所看到的关系——"喜欢"和"讨厌"的关系。先来稍微复习一下。

"喜欢"和"讨厌"是互为反对的概念，而"六本木君讨厌和田君"并不是"六本木君喜欢和田君"的否定，因为命题 P 的否定包含命题 P 为假的所有情况，而"六本木君喜欢和田君"这一命题为假的情况并不是只有"六本木君讨厌和田君"这一种，还包含"六本木君既不喜欢也不讨厌和田君"这种情况。

同样，我们应该认为，倘若"所有的饺子都没放大蒜"为真，"所有的饺子都放了大蒜"则为假。但是，在"既有放大蒜的饺子也有没放大蒜的饺子"这种情况下，"所有的饺子都放了大蒜"也为假。也就是说，我们应该认为，"所有的 F 都是 G"和"所有的 F 都不是 G"是反对关系，而不是否定关系。

也许有人会问"'应该认为'是意味着实际有所不同吗"。是的，如果是在日常会话语境中，情况肯定就是刚刚所述。也就是说，"所有的 F 都是 G"和"所有的 F 都是 not G"是反对关系，不会同时成立，也就是不可能两者皆为真，但双方并不是否定关系。这里所说的"在日常会话语境中"是指"世上有饺子这种事物存在"为默认前提之类的语境。

当主张"所有的饺子都放了大蒜"时,一般就会认为饺子理所当然存在。不过,"所有"这个词也可用于那些不清楚是否存在的事物。请看下面的例子。

例 32
（1）所有的野槌蛇都会跳 2 米左右。
（2）所有的卓柏卡布拉都会吸干山羊血。

或者,来思考一下下面这样的演绎。

例 33 所有完美的人都没有烦恼。没有没烦恼的人。
所以,没有完美的人。

野槌蛇和卓柏卡布拉都是所谓的未知生物（UMA）。即使乐观地去看,也并不清楚是否存在野槌蛇,而卓柏卡布拉应该并不存在。例 33 则是将"所有完美的人都没有烦恼"这一全称命题用作了导出"没有完美的人"这一结论的演绎前提。也就是说,即使在 F 不存在的情况下,也可以使用"所有的 F 都是 G"这类全称命题。

如此一来,也就不能认可下面的推理是正确的演绎了。

所有的 F 都是 G。
所以,存在 F。

例如，不能认可下面的推理是正确的演绎。

例 34 所有的卓柏卡布拉都会吸干山羊血。
所以，存在卓柏卡布拉这种怪兽。

因此，在我们要学习的逻辑学中，并不能因为说了"所有的 F 都是 G"，便据此认为是 F 的事物就存在。在日常会话语境中，如果说"所有的饺子都放了大蒜"，那便是认为饺子理所当然存在，或者，如果说"提交了报告的人全都及格了"，那便是认为提交了报告的人数自然不为零。但这是以日常会话语境为前提，而逻辑学的处理方式是，"所有的 F 都是 G"的意思中不包含"存在 F"这一点。

理解了前面内容的人接着进入下一个阶段。下面还有更加需要用心去理解的内容。尚不能完全理解即使"所有的 F 都是 G"为真也未必存在 F 这一点的人先别急着进入下一个阶段，请再认真读一下之前的说明并加以理解。

好了吗？那么，将下面的命题 P 和 Q 并列起来看一看。

P：所有的 F 都是 G。
Q：所有的 F 都是 not G。

乍一看，P 和 Q 似乎存在矛盾，但实际上并非如此，有可能 P 和 Q 两者都为真。同一个教师关于同一门课，有可能说"提交了报告的人全都及格了"和"提交了报告的人全都不及格"这两种情况，并且两种情况都为真吗？在真实的对话中或许不可能存在这种情况，但在逻辑学的世界中有可能存在。

假设"所有的 F 都是 G"和"所有的 F 都是 not G"皆为真，并且假设"F 存在"。这是归谬法的假定。不太明白的人请去复习一下第 10 章。简言之，这种论证法就是，倘若假定某一种情况并据此导出矛盾的话，就能够推理出这一假定的否定。

一旦假定 F 存在，就可以依据所有的 F 都是 G 这一点得出存在的 F 是 G 的结论。此外，因为所有的 F 都是 not G，所以存在的 F 是 not G。如此一来，就成了存在"是 G 并且是 not G"的事物了。这是矛盾。所以，运用归谬法，假定得以否定。假定是"F 存在"，所以得出的结论是"F 不存在"。也就是说，假如 P 和 Q 同时为真，就会由此得出结论——"F 不存在"。

于是，若逻辑学教师关于本学期的逻辑学课同时说"提交了报告的人全都及格了"和"提交了报告的人全都不及格"，大家往往并不明白老师在说什么，但就逻辑学而言，那就成了没有提交了报告的人。

所以，倘若我说"喜欢我的人是有眼光的人"，同时又说"喜欢我的人是没眼光的人"，请不要认为我说的自相矛盾，请得出结论——"呀，原来没有喜欢这个人的人啊"。

13.4 "也存在"比"存在"包含的意义更多

若否定"所有的 F 都是 G"则成了"有的 F 是 not G"。这一点已经作为全称和存在的德·摩根定律说明过了。但是在做练习时，100 人左右的班里一般还是会有几个人犯同样的错误。我们来看一下下面的问题。

问题 12 运用德·摩根定律将下面全称命题 P 的否定 not P 改写成存在命题。（全称命题的否定写为存在命题，存在命题的否定写为全称命题。）

P：所有的哲学家都是懒汉。

P 为假的情况是至少有一个不是懒汉的哲学家，所以，not P 便是"有的哲学家不是懒汉"或者"有不是懒汉的哲学家"。（如果写得更加严谨一些，那就是"至少有一个不是懒汉的哲学家"，但这里或许也不必太过较真。）刚刚提到的 100 人左右的班里有几个人犯的错误是将 not P 当作"也有不是懒汉的哲学家"。你做得如何呢？

错就错在"有"和"也有"的区别。"也有不是懒汉的哲学家"这一说法包含着"也有是懒汉的哲学家"之意。但是，P"所有的哲学家都是懒汉"为假的并不是只有这种情况。在全都是不是懒汉的哲学家这种情况下，P 也为假。一旦采用"也有不是懒汉的哲学家"这一说法，因为使用了"也"，所以就出现了"也有是懒汉的哲学家"这一含义，继而便排除了全都是不是懒汉的哲学家这一情况。因此,"所有的哲学家都是懒汉"的否定是"有不是懒汉的哲学家",而不是"也有不是懒汉的哲学家"。这一点请大家注意!

在注意以上要点的基础上,来做一下练习吧。

练习问题 26 从①~③中选出与命题 P 的否定等值的命题。

P:这个班里的学生都不戴眼镜。

①这个班里的学生全都戴眼镜。

②这个班里的学生有不戴眼镜的。

③这个班里的学生有戴眼镜的。

练习问题 27 从①~③中选出与命题 P 的否定等值的命题。

P:哲学书中有不难的。

①哲学书中有难的。

②所有的哲学书都难。

③所有的哲学书都不难。

练习问题 28 运用德·摩根定律改写命题 P 的否定。(全称命题的否定写为存在命题,存在命题的否定写为全称命题。)

(1) P:B 型的人都任性。

(2) P:有不是卵生的鸟。

练习问题 29 从(a)~(d)中分别选出与下列(1)~(4)等值的命题。

(1)所有的哲学家都是懒汉。

（2）所有的哲学家都不是懒汉。

（3）并非所有的哲学家都是懒汉。

（4）并非所有的哲学家都不是懒汉。

（a）哲学家中有懒汉。

（b）哲学家中没有懒汉。

（c）哲学家中有不是懒汉的人。

（d）哲学家中没有不是懒汉的人。

练习问题 30　下面的推理作为演绎正确的画○，错误的画×。

（1）杜勒君虽然是 B 型，但并不任性。

所以，并不是 B 型的人全都任性。

（2）并不是 B 型的人全都任性。有田君是 B 型。

所以，有田君不任性。

（3）根本没有是 B 型但却不任性的人。泉君是 B 型。

所以，泉君任性。

（4）根本没有是 B 型但却不任性的人。瓜生君任性。

所以，瓜生君是 B 型。

第 14 章

将全称和存在相结合

14.1 将全称和存在相结合这类命题的意义

"谁都爱某个谁"这一命题中,包含了"谁都"和"某个谁",也就是说,这个命题并非单纯的全称命题或存在命题,而是全称和存在的结合。或者,"有的人在日本铁路的所有站都下车"这一命题也是将全称"所有"和存在"有的"相结合的命题。这样的命题并不稀奇。

前面已经提到过,在逻辑学中,将给命题加上"所有"和"有的"这种做法叫作"量化"。大家忘记了也没有关系,这里稍微讲一下第二篇中要讲解的内容,像这样把全称和存在进行组合逻辑学中将其称为"多重量化"。不过,这一点目前不必特意去记。(可能有人会说,那就不要讲好了,一边跟大家说不用记、忘了也没关系,一边又在心里希望大家记下来，真是矛盾啊。）这里姑且采用"将全称和存在相结合"这一粗略说法。

例如，我们来思考一下"x 爱 y"这种形式的命题。"x 爱 y"与"y 被 x 爱"是一样的意思。这里加上"所有"和"有的"。现在，假设 x 和 y 都是人。于是，可以给 x 和 y 分别加上"所有"和"有的"，造出"所有的人都爱所有的人"或者"所有的人都爱有的人"这样的命题。大家认为可以造出几类命题呢？稍微来做一下练习吧。

问题 13 将"所有"和"有的"用于"x 爱 y"来造命题。会有几类命题呢？

有人回答 4 类，很可惜，这个答案不对。又有人回答 8 类，不错。虽然不正确，但已经接近正确答案了。有没有回答 6 类的人？很棒啊！完全正确。即使这种简单的问题也会感觉很难吧。来说明一下。

写出命题来看一下吧。这里假设 x 和 y 都是人，于是可以造出"所有的人都爱所有的人"之类的命题。请大家照这样，使用"所有"和"有的"尽可能造出一些命题吧。回答 4 类的人所写出的是不是下面这四个呢？

所有的人都爱所有的人。
所有的人都爱有的人。
有的人爱所有的人。
有的人爱有的人。

或许有人会想到"所有的人被有的人爱"这类命题存在的可能，于是，在上面四个命题的基础上又可以加上下面四个命题。

所有的人都被所有的人爱。
所有的人都被有的人爱。
有的人被所有的人爱。
有的人被有的人爱。

这么想的人或许回答的是 8 类吧。但是，或许会有人进一步想到"所有的人都爱所有的人"和"所有的人都被所有的人爱"不是同样的意思吗。这是不是同样的意思，不认真思考一下的话，无法做出判断。仅仅就结论而言，是同样的意思。也就是说，是相同的命题。此外，"有的人爱有的人"和"有的人被有的人爱"也是相同的命题。

那么，"所有的人都爱有的人""所有的人都被有的人爱""有的人爱所有的人""有的人被所有的人爱"，这些命题如何呢？也许有人会感到麻烦不堪，甚至想要放弃。这里并未使用任何难懂的词汇，仅仅将"所有"和"有的"相结合就使原本已经用惯了的语言变得如此复杂麻烦，大家不感到惊讶吗？

如此一来就只有认真细致地加以思考了。"所有的人都爱有的人"这种说法本来就有点儿不明确吧。这里的"有的人"是所有的人都共通的，大家都爱相同的人呢，还是大家爱不同的人呢，这里并没有说清楚爱的对象是否相同。若是前一种情况写成"所有的人都爱，有那样的人"或者"被所有的人爱，有那样的人"，后一种情况写成"所有的人都爱各自爱的人"，或许就稍微明确一些了。

到了第二篇，前者会写成"∃ y ∀ x F xy"，后者会写成"∀ x ∃ y F xy"。差别很明显，写法也简单，我都想就此进入第二篇了，但还是得在日常语言中先分析一下。刚刚给大家看的符号，大家忘记也可以。

因为，最终还是得能够区分下列 6 类命题。

所有的人都爱所有的人（所有的人都被所有的人爱）。
所有的人都爱各自爱的人。
所有的人都各自被爱自己的人爱。
爱所有的人，有那样的人。
被所有的人爱，有那样的人。
有的人爱有的人（有的人被有的人爱）。

若是考虑这些命题的否定，或者将之与联言（并且）、选言（或者）或假言（如果）相结合，就会变得更加复杂。能够正确理解这些命题或其否定的意思正是本章目标。

那么，再重新做一下区分，进一步明确。一开始为了让大家习惯将"所有"和"有的"相结合的命题，暂且将话题简单化，来思考只存在三个人物 a、b、c 的情况。当 x 爱 y 的时候，写成"x → y"。"y 被 x 爱"也可以写成"x → y"。"x → x"则是"x 爱自己"的意思。

请看图 14-1。

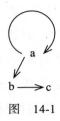

图 14-1

图 14-1 表示 a 爱 a 自己和 b，b 则爱 c 这一关系成立。（顺便说一下，表示这种三人爱情关系的图可以写出多少种呢？ 512（$=2^9$）种。即使仅仅考虑只有三人并且单单是爱或不爱之类的单纯爱情关系，也会有很多变化。）

利用这样的图来做一下练习吧。

问题 14 考虑三个人物 a、b、c。回答分别在下列①～④的情况下，命题 P 和命题 Q 的真假。

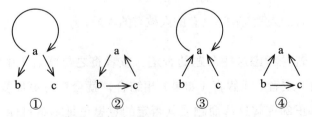

P：所有的人都爱各自爱的人。

Q：爱所有的人，有那样的人。

问题 14 的解说 关于命题 P，①～④的情况如何？关于命题 Q，①～④的情况如何？共请考虑 8 种情况。

首先从命题 P "所有的人都爱各自爱的人"开始。

① a 爱 a 和 b 和 c，但 b 和 c 谁都不爱，所以，命题 P 为假。

② a 爱 b，b 爱 c，c 爱 a，所以，全部人员都爱各自爱的人。命题 P 为真。

③ a 爱 a，b 和 c 也爱 a，所以，全部人员都爱各自爱的人。命题 P 为真。

④ b 爱 a 和 c，c 爱 a，但 a 谁也不爱，所以，命题 P 为假。

接下来看一下命题 Q "爱所有的人，有那样的人"。希望大家注意的是，说"爱所有的人"时，逻辑学中会非常直接地理解这里的"所有"，因此，其中也包含自己。所以，④这种情况中，b 爱 a 和 c，但并不爱自己，因此，并不能说是"爱所有的人"。如此一来，命题 Q 为真的就只有①这种情况，剩下的情况下命题 Q 都为假。

问题 14 的解答 P：①假，②真，③真，④假；Q：①真，②～④假。

关于将"所有"和"有的"相结合的剩下的两种命题，来做一下练习。图与问题 14 相同。

练习问题 31 只考虑三个人物 a、b、c。回答分别在问题 14 中的①～④情况下，命题 P 和命题 Q 的真假。

P：所有的人都各自被爱自己的人爱。

Q：被所有的人爱，有那样的人。

问题 15 从①～④中选出正确的 P 和 Q 的关系。

P：谁都分别给某个谁寄了信。

Q：有收到大家来信的人。

① 能够由 P 演绎出 Q，相反，也能够由 Q 演绎出 P。

② 能够由 P 演绎出 Q，但相反不成立。

③ 能够由 Q 演绎出 P，但相反不成立。

④ 不能够由 P 演绎出 Q，也不能由 Q 演绎出 P。

问题 15 的解说和解答 大家可以一边想象着自己身边的几个人，一边思考 P "谁都分别给某个谁寄了信" 为真的情况。不过，分别寄信的对象未必是同一个人，理解清楚这一点非常重要。假设你给 A 君寄了信，也许 A 君给 B 君寄了信，而 B 君又给其他人寄了信。想象一下这种状况。然后，思考一下，在这种状况下，能否说 Q "有收到大家来信的人" 势必为真。

即使 P "谁都分别给某个谁寄了信" 为真，各个人寄信的对象也未必相同，所以，Q "有收到大家来信的人" 未必为真。因此，不能由 P 演绎出 Q。

相反，我们来思考一下 Q 为真的情况。假设 A 君收到了大家的来信。这时 P "谁都分别给某个谁寄了信" 如何呢？因为大家都给 A 君寄了信，所以，谁都寄了信。也就是说，Q 为真时 P 也势必为真，即可以由 Q 演绎出 P。（再提醒一点细节,"A 君收到了大家的来信"这里的"大家"中也包含 A 君自己。也就是说,A 君给自己寄了信。如果不是这样的话,就不能由 Q "有收到大家来信的人"演绎出 P "谁都分别给某个谁寄了信"。)

正确答案是③。

练习问题 32 从①~④中选出正确的 P 和 Q 的关系。

P:谁都分别给某个谁寄了信。
Q:谁都分别收到了某个谁的来信。
①能够由 P 演绎出 Q,相反,也能够由 Q 演绎出 P。
②能够由 P 演绎出 Q,但相反不成立。
③能够由 Q 演绎出 P,但相反不成立。
④不能够由 P 演绎出 Q,也不能由 Q 演绎出 P。

坦率地讲,我眼前甚至都浮现出了解答这个问题时学生们困惑的表情。肯定也有能够轻松得出正确答案的学生,但是,怎么也找不出正确答案的学生的确也不少。看到那种困惑的学生,老师也会感到为难,因为老师也不太知道如何才能引导他们得出正确答案。

能说的就是根据身边的事物具体思考。因为"谁都分别给某个谁寄了信",所以,可以认为教室里的人全都给某个谁寄了信。应该注意的是,这也包含全部人员都给同一个人寄信这样的极端情况。

如果是"谁都分别收到了某个谁的来信",就可以认为教室里的人都收到了某个谁的来信。这里必须注意的是，要考虑大家都收到了同一个人来信这样的极端情况。

这又会怎样呢？有思路了吗？对于说"还是不行"的人，我的建议是"如果实在感觉难以正确理解这些句子的意思，这里也可以暂时不去管它"。实际上，第一篇的作用就是调动起大家在第二篇学习逻辑学语言的积极性，所以，也可以说，不能很好地理解这些问题的人更有积极性脱离日常语言转向逻辑学语言。

练习问题 33 从①～④中选出正确的 P 和 Q 的关系。

P：爱所有的人，有那样的人。

Q：所有的人都分别被某个人爱。

① 能够由 P 演绎出 Q，相反，也能够由 Q 演绎出 P。

② 能够由 P 演绎出 Q，但相反不成立。

③ 能够由 Q 演绎出 P，但相反不成立。

④ 不能够由 P 演绎出 Q，也不能由 Q 演绎出 P。

14.2 把德·摩根定律运用于全称和存在相结合的命题

如果否定将全称和存在相结合的命题，就要多次运用全称和存在的德·摩根定律。虽然只是反复运用德·摩根定律，但如果不恰当运用就可能会令人不知所云。

先来复习一下全称和存在的德·摩根定律。秘诀就是"全称的否定即否定的存在，存在的否定即否定的全称"。

> **全称和存在的德·摩根定律**
> （1）not（所有的 F 都是 G）≡ 有的 F 是 not G
> （2）not（有的 F 是 G）≡ 所有的 F 都是 not G

问题 16 命题 P 是学生参加某次运动会的情况。从①～④中选出与 P 的否定 not P 等值的命题。

P：所有的学生都参加了某项比赛。
①有的学生没有参加任何比赛。
②没有不参加任何比赛的学生。
③没有参加所有比赛的学生。
④所有的学生都没有参加任何比赛。

就像刚才已经说过的一样，这些句子还是符号化之后更容易理解，但这里还是得在日常语言中思考一下。为了使全称和存在的顺序更清晰，我们适当用括号加以整理，同时运用德·摩根定律。

问题 16 的解说和解答

not P ≡ not（所有的学生都（参加了某项比赛））
　　　≡ 有的学生 not（参加了某项比赛）
　　　≡ 有的学生没有参加所有的比赛

所以，答案是①。

即使不做深入思考，或许也能够轻松理解下面的会话。倘若能够轻松理解这个，问题 16 也就没问题了。

"全部人员都参加了某项比赛吗？"

"不，那倒也不是。"

"有不参加任何比赛的学生吗？"

"嗯。有啊。"

练习问题 34 命题 P 是学生参加某次运动会的情况。从①～④中选出与 P 的否定 not P 等值的命题。

P：有的学生参加了所有比赛。

①有的学生没有参加任何比赛。

②有不参加某项比赛的学生。

③所有的学生都没有分别参加某项比赛。

④所有的学生都没有参加任何比赛。

练习问题 35 从①～④中选出与 P 的否定 not P 等值的命题。

P：谁都至少读过一本书。

①没有从未读过一本书的人。

②有从未读过一本书的人。

③并非谁都读过所有的书。

④所有的人都从未读过一本书。

第 15 章

第一篇的复习

第一篇到此结束。在进入第二篇之前,进行一下最低限度的确认。如果仅仅看到用语便能够进行说明,那最好不过了,现在先采取选择题的形式。

练习问题 36 选出下列用语的恰当意思。

(1)命题

① 有意义的句子。

② 能判断真假的句子。

(2)演绎

① 倘若认可前提为真则势必得认可结论亦为真的推理。

② 由为真的前提推导出为真的结论的推理。

(3)等值($P \equiv Q$)

① 当 P 为真 Q 亦必为真、P 为假 Q 亦必为假时,就说 P 和 Q 为等值关系,并写作"$P \equiv Q$"。

②命题 P 的意义由命题 Q 定义，命题 Q 的意义由命题 P 定义，当这些定义循环的时候，就说 P 和 Q 为等值关系，并写作"P ≡ Q"。

（4）命题 P 的否定

①命题 P 为真时其势必为假的命题。

②主张命题 P 为假的所有情况的命题。

（5）双重否定

①一个命题中两次出现否定。

②两次否定某个命题。

（6）联言

①P 和 Q 两项都为真。"P 并且 Q"就是代表性的联言表达方式。

②P 或 Q 至少一项为真（也可以两项都为真）。"P 或者 Q"就是代表性的联言表达方式。

（7）选言

①P 和 Q 两项都为真。"P 并且 Q"就是代表性的选言表达方式。

②P 或 Q 至少一项为真（也可以两项都为真）。"P 或者 Q"就是代表性的选言表达方式。

（8）矛盾

①命题 P 和 P 的否定的联言。

②命题 P 和 P 的否定的选言。

（9）排中律

①命题 P 和 P 的否定的联言。

②命题 P 和 P 的否定的选言。

练习问题 37 从①～③中选出下列用语的恰当意思。

（1）单称命题

①阐述某个集合中的某些事物如何的命题。

②阐述特定个体如何的命题。

③阐述某特定集合的所有事物如何的命题。

（2）全称命题

①阐述某个集合中的某些事物如何的命题。

②阐述特定个体如何的命题。

③阐述某特定集合的所有事物如何的命题。

（3）存在命题

①阐述某个集合中的某些事物如何的命题。

②阐述特定个体如何的命题。

③阐述某特定集合的所有事物如何的命题。

第二篇

创制出表述逻辑的符号语言

逻辑学是怎样的学问

一言以蔽之，逻辑学是一门系统地将演绎理论化的学问。第二篇要讲述的是命题逻辑和谓词逻辑这一体系。谓词逻辑包含命题逻辑，是命题逻辑的扩展，所以，也可以简单地说是讲述谓词逻辑。

但是，单单谓词逻辑并不是逻辑学，谓词逻辑所处理的演绎也不是演绎的全部，演绎还有更为丰富的内容。因此，在进入谓词逻辑之前，先来谈一下更为一般化的逻辑学。

16.1 演绎重在形式

请大家试着比较下面的两个演绎。能察觉到什么吗？

例 35 海老泽君或大岛君来。海老泽君不来。所以，大岛君来。

例 36 片桐君选逻辑学或宗教学。片桐君没选逻辑学课程。所以，片桐君选了宗教学课程。

大家发现了吗，虽然处理的是不同命题，但例 35 和例 36 作为演绎采用了相同的形式。两个例子都采用了下面这种形式。我们将这种形式称为"排除法形式"。

排除法形式：P 或者 Q。并非 P。所以，Q。

在例 35 和例 36 中，P 和 Q 分别是什么呢？

有没有人认为例 35 中 P 是"海老泽君"，Q 是"大岛君"呢？有这种想法的人请注意一下 P 和 Q 是"命题"这一点，并回忆一下前面讲过的命题是能判断真假的句子这一点。只有"海老泽君"的话，并不能形成命题。

P 和 Q 是能判断真假的句子，所以，在例 35 中，"海老泽君或大岛君来"可以认为是"海老泽君来，或者，大岛君来"，P 是"海老泽君来"，Q 是"大岛君来"。同样，例 36 中，P 是"片桐君选了逻辑学"，Q 是"片桐君选了宗教学"。

只要是依照排除法形式，无论将什么样的命题代入 P 和 Q，都会是作为演绎正确的推理。再举一些具有排除法形式的演绎例子。

例 37 有天空树的是台东区或墨田区。有天空树的不是台东区。所以，有天空树的是墨田区。

进一步讲，演绎是"倘若认可前提为真则势必得认可结论亦为真的推理"，所以，即便前提实际上为假也没有关系。因此，下面的例子虽然前提和结论都不合理，但它作为演绎却是正确的。

例 38　沙丁鱼是两栖纲或爬行纲。沙丁鱼不是爬行纲。所以，沙丁鱼是两栖纲。

之所以说这样的演绎正确，是因为它具有"排除法形式"。若是如此，作为研究演绎的逻辑学，关注 P 和 Q 代入了什么样的命题则并无太大意义。对演绎来说，重要的是它的形式。

问题 17　找出下列①和②两个演绎所共通的形式。

①如果这种茶是特定保健用食品，这种茶就会带有特许标记。这种茶不带特许标记。所以，这种茶不是特定保健用食品。

②如果这家店是旋转寿司，寿司就会在客人面前旋转。这家店寿司没有在客人面前旋转。所以，这家店不是旋转寿司。

实际上，这个问题有多种正确答案。例如，①和②都是由两个前提推导出结论的三段论，所以，两者都采用了"P。Q。所以，R"这一形式。也许还会有人从中找出"如果 a 是 b，则 a 是 c。a 不是 c。所以，a 不是 b"之类的形式。

但是，现在来关注一下①和②采用了对偶论证法形式这一点。或许很多人都找出了①和②所共通的对偶论证法形式吧。也就是下面这种形式。

对偶论证法形式：如果 P 则 Q。并非 Q。所以，并非 P。

对偶论证法是正确的演绎形式。①和②之所以是正确的演绎，是因为它们采用了对偶论证法形式。

16.2 "逻辑常项"是理解逻辑学最重要的概念

再说一下排除法形式。

P 或者 Q。并非 P。所以，Q。

这种形式的推理是正确的演绎，与代入 P 和 Q 的命题的内容无关。P 和 Q 是什么样的命题都没关系。所以，P 和 Q 并不表示具体的命题，只是代表命题的符号。

不过，代入命题的时候，同一个符号要代入同一个命题。在排除法形式中，P 这一符号会出现两次，请代入同一个命题。Q 也一样。

在排除法形式中，"或者"和"并非"部分一旦换成其他内容，演绎的形式就会发生变化。例如，将"或者"换成"如果"，造出下面这种形式的推理。

如果 P 则 Q。并非 P。所以，Q。

这不是正确的演绎。

也就是说，在排除法形式中，P 和 Q 可以代入任何命题，但"或者"和"并非"一旦变成其他词语，那就不再是排除法了。

像排除法形式中的"或者"和"并非"这样，赋予某个演绎特征的部分叫作**逻辑常项**。"赋予某个演绎特征"这种说法或许有点儿难懂。关于逻辑常项，后面还会继续加以说明，姑且请大家理解为"赋予某个演绎特征的部分"。在排除法形式中，逻辑常项是"或者"和"并非"。

问题 18　在对偶论证法形式中，逻辑常项是什么？

对偶论证法的形式是"如果 P 则 Q。并非 Q。所以，并非 P"。逻辑常项是"如果"和"并非"。

问："所以"不是逻辑常项吗？

答：不是。"所以"不是逻辑常项。

逻辑常项是赋予某个演绎特征的部分。"所以"是连接前提和结论的词语，任何演绎都需要，但它不是为某个演绎赋予特征的要素。

例如，不使用"所以"，也可以写成下面这样。

如果 P 则 Q
并非 Q
―――――――
并非 P

如果这样写，大家不会说横线是逻辑常项吧。"所以"与这条横线的作用相同。

来看一下其他例子吧。

例 39　太郎是次郎的哥哥。花子是次郎的孩子。所以，太郎是花子的伯父。

这是若两个前提为真则结论也势必为真的推理，所以是正确的演绎。

对于这个演绎的正确性来说，"太郎""次郎""花子"部分即使换成其他人名也没关系。因此，就像前面特意用 P、Q 这两个符号表示命题一样，这里也用特定符号来表示人名。如此一来，这个演绎的形式便如下所示。

a 是 b 的哥哥。c 是 b 的孩子。所以，a 是 c 的伯父。

赋予这个演绎特征的是"……是……的哥哥""……是……的孩子""……是……的伯父"。也就是说，这就是这个演绎的逻辑常项。

问： 有时用大写字母 P、Q、R，有时用小写字母 a、b、c，是在区分吗？

答： 虽然命题用大写字母，名词用小写字母，但也不必太过在意这一点。

练习问题 38 写出下列演绎的形式，并找出其逻辑常项。
花子是太郎的孩子。所以，太郎是花子的父亲。

下面的问题肯定有人会弄错，不过，那是因为我还没有仔细加以说明，在说明之前倒是希望大家出点儿错。

问题 19 写出下列演绎的形式，并找出其逻辑常项。
如果明天没课，明天我就不去大学。明天没课。所以，明天我不去大学。

例如在例 39 中，"……是……的哥哥"这类言词就是逻辑常项。那么，下面的演绎中，逻辑常项是什么呢？

例 40 海彦是山彦的弟弟或者哥哥。海彦不是山彦的弟弟。所以，海彦是山彦的哥哥。

这个演绎是排除法的形式，也就是"P 或者 Q。并非 P。所以，Q"这一形式，所以逻辑常项是"或者"和"并非"。在例 39 中，"……是……的哥哥"是逻辑常项，但在例 40 中，"……是……的哥哥"并不是逻辑常项。逻辑常项是赋予某个演绎一定特征的语言，所以，在某个演绎中作为逻辑常项的语言，在其他演绎中也有可能并不能发挥逻辑常项的作用。

来看一下问题 19。我期待大家出的错是这样的：这个演绎是"如果并非 P 则并非 Q。并非 P。所以，并非 Q"这一形式，逻辑常项是"如果"和"并非"。怎么样？这么回答的大有人在吧？当然，这是因为我还没有就此加以说明，并不是弄错的人的责任。正确答案是"如果 P 则 Q。P。所以，Q"，P 是"明天没课"，Q 是"明天我不去大学"。这里的确使用了"并非"这一否定词，但是在这个演绎中，"并非"一词对演绎的成立并不起什么作用。问题 19 的演绎与"如果明天有课，明天我就去大学。明天有课。所以，明天我去大学"是一样的形式。也就是说，"并非"不是赋予这个演绎特征的词语。

像这样，对某个演绎来说，逻辑常项是赋予其特征的言词。所以，在某个演绎中发挥逻辑常项作用的言词也有可能在其他演绎中并不发挥逻辑常项的作用。请大家一定要结合具体演绎，看清楚赋予演绎特征的是哪部分言词。

来做一下练习问题吧，请大家注意问题 19 那样的错误。不用来说明某个演绎正确性的言词不必作为逻辑常项保留下来。在找演绎形式的时候，也可以换成其他言词的部分要大胆舍去。

练习问题 39　写出下列演绎的形式，并找出其逻辑常项。

（1）菊田女士是女演员。所以，菊田女士是演员。

（2）如果企鹅有羽毛，企鹅就是鸟。如果企鹅是鸟，企鹅就没有肚脐。所以，如果企鹅有羽毛，企鹅就没有肚脐。

重复一下，演绎的正确性取决于演绎所具有的形式。将怎样的具体内容代入那个形式，并不影响演绎的正确性。因此，逻辑学也被称为"形式逻辑"。不过，当被说是"形式逻辑"时，常常带有一种"没有实质内容的纸上谈兵"之类的意味，就好比人们有时会说"你说的话仅仅是一种形式逻辑"。说我们这里要学的逻辑学是"形式逻辑"并不含有上述贬低之意。演绎是否成立取决于其形式，所以，研究演绎的逻辑学自然就是形式逻辑。

此外，决定演绎形式的是逻辑常项。

16.3 逻辑的本质在于语言的意义

稍微做一下哲学式的思考。所谓哲学式的思考，就是思考一些平时不怎么思考的根本问题。前面已经说过，演绎就是倘若认可前提为真则势必得认可结论亦为真的推理。那么，为什么倘若认可前提为真则势必得认可结论亦为真呢？

例如，若"菊田女士是女演员"为真，则"菊田女士是演员"也势必为真。这是为什么呢？

答案其实并不难。因为"女演员"这个词包含着"演员"之意。(更"哲学式的"人也许不会满足于这个答案，但对于我来说，这个答案已经足够了。)同样，之所以若"太郎是次郎的哥哥。花子是次郎的孩子"为真，"太郎是花子的伯父"也势必为真，这是因为"父亲的哥哥"一词原本就意味着"伯父"，而"a 是 b 的孩子"则意味着"b 是 a 的父亲（母亲）"。

像这样，演绎就是结论中提到的内容被包含在前提意思之内的推理。超越前提意思的内容在结论中根本不被讲述。结论的内容全都被包含在前提的意思之内，所以，若前提为真，则结论也势必为真（见图 16-1）。

菊田女士是女演员。所以，菊田女士是演员。

图　16-1

当 Q 的意思被包含在 P 的意思之内时，叫作"P 蕴含 Q"。（当 R 的意思被包含在 P 和 Q 相结合的意思之内时，就说"P 和 Q 蕴含 R"。有 3 个及以上前提时也是同样。）

"P 或者 Q。并非 P。所以，Q"这种情况又如何呢？这种情况也应该看作结论被蕴含在前提之内（见图 16-2）。

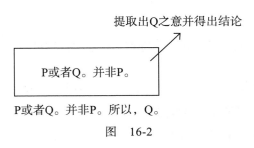

P或者Q。并非P。所以，Q。

图　16-2

"P 或者 Q"的意思是"P 或 Q 至少有一项为真"。

"并非 P"的意思是"P 不为真"。如此一来，剩下的就只有 Q 了。因此，Q 就被作为结论得出。排除法是依赖于这个演绎中的逻辑常项"或者"和"并非"的意思而成立的演绎。

如果使用"逻辑常项"和"蕴含"之类的用语，就能够这样回答"为什么在演绎中倘若认可前提为真则势必得认可结论亦为真"这个问题：因为通过赋予某个演绎特征的逻辑常项，前提蕴含结论。

关于逻辑常项，之前只说是"赋予某个演绎特征的部分"，但根据前面的内容，似乎还可以稍微加一点儿说明。逻辑常项就是"赋予某个演绎特征，并说明演绎正确性的词语"。我们就暂且做这种程度的说明吧。

> ✧ **重点用语**
>
> 　　逻辑常项：赋予某个演绎特征，并说明演绎正确性的词语。

16.4　逻辑常项决定逻辑学的涵盖范围

无论什么样的词语，如果演绎的成立依赖于某个词语的意思，那该词语便在这个演绎中发挥逻辑常项的作用。因此，简单来说，如果选出某个词语，并将以该词语为逻辑常项而成立的演绎系统地加以理论化，就能够产生逻辑学。这就是逻辑学的产生方式。

例如，如果列出"亲、子""祖父、祖母、孙辈""兄、弟、姐、妹""伯父、伯母""叔父、叔母"之类亲属称谓词，并概括依赖于其意义而成立的演绎的话，也是一种逻辑学，或可称为"亲属称谓词逻辑"。在某些地方或文化中，会使用极其复杂的亲属称谓词逻辑，但如果是就日语而言，亲属称谓词逻辑的研究或许并不需要花费太多工夫就能完成。

因此，我们接下来要学习的逻辑学重视"通用性"。也就是说，选择那些可以用于任何情况、无论什么样的学问都必须使用的词语作为逻辑常项。亲属称谓词只在谈到亲属关系时使用。但是，诸如否定词"并非"却有可能在所有话题中登场。数学、生物学、社会学、哲学，或者日常闲聊中，否定词都会被用到。这种通用性就是接下来我们将看到的逻辑学、命题逻辑和谓词逻辑所要追求的东西。

让演绎成立的词语倒也并非仅限于命题逻辑和谓词逻辑的逻辑常项。所有的词语都会借助自身意义令演绎成立，所以，都有可能成为逻辑学的处理对象。尽管如此，我们还是要先从具有通用性的词语开始。

研究那些以"并非""并且""或者""如果"为逻辑常项的演绎的逻辑学是被称为"命题逻辑"的逻辑学。在这之上再加上"所有"和"有的（存在）"作为逻辑常项的体系是被称为"谓词逻辑"的逻辑学。

这些词语在第一篇已经分析过了，但是，日常语言在表达严格的逻辑时往往会模糊不清或者复杂多义，很难使用，因此人们就想要创造出表达演绎的专用语言。就像第一篇已经讲过的那样，人工创制的语言被称为"人工语言"，自然而然产生的语言被称为"自然语言"。逻辑学也可以说是一门从自然语言中选出逻辑常项，继而创制出与之相对的演绎专用人工语言的学问。

　　不过，希望大家不要误解，这里并不是想说自然语言（例如大家平时使用的母语）是非逻辑性的。逻辑学中所分析的逻辑全都包含在作为自然语言的日常语言之内。自然语言实在太丰富了，因为太过丰富，所以反而难以把握其中的逻辑。因此，我们才要从自然语言中仅仅抽出与演绎相关的侧面，想办法创制出人工语言。

　　接下来实际进入逻辑学之中吧。我们先来看"命题逻辑"这个词。如前所述，命题逻辑所涉及的逻辑常项是"并非""并且""或者""如果"。"并非"是否定某个命题的词语，"并且""或者""如果"则是将命题和命题连接起来的词语。以这四个词语为逻辑常项的逻辑学被称为"命题逻辑"。

第 17 章

否定的意义

我们先来看一下否定词语"并非"所发挥的逻辑常项作用。

命题 P 的否定写作"¬P"。(也有其他写法,但本书使用这种写法。)

问: 为什么这里要使用这个符号呢? P 的否定说"并非 P"不就可以了吗?

答: 这个问题稍后回答。不过,绝不是因为嫌写"并非"这两个字麻烦才使用"¬"这个符号。

问: 第一篇不是使用了"not"这一写法吗?这与"¬"是一样的吗?

答: 也可以说是一样的,不过,在第一篇中,我们还没有导入人工语言,只是用自然语言进行分析。那样的话,不使用"not"之类的符号,直接用"并非"就可以,但若是这样,在讲解双重否定或者德·摩根定律时就会非常难分析,所以,作为妥协方案,就使用了"not"。也就是说,"not"是日常否定语言的省略形式,而将之作为命题逻辑好好定义的就是"¬"。

演绎是借助逻辑常项的意义使前提蕴含结论的推理。若是如此,要想好好分析演绎,就必须先明确逻辑常项的意义。

那么,否定的意义是什么呢?

在讨论这个问题之前,必须先回到命题及其真假的话题。话题稍微有点儿绕远了,大家要注意跟上,不要"迷了路"。要想说明我们接下来将要分析的命题逻辑中否定的意义,有必要先说明一下"二值原理"。

17.1　二值原理

也有无法明确判断真假的句子。"我家的猫很可爱"之类的句子就无法明确判断真假。即使这样的句子,只要演绎关系成立,也可以成为逻辑学的处理对象。但是,能够明确判断真假的句子是基本的,所以,我们只分析这样的句子。

这一方针只考虑真和假两个"值",所以被称为"二值原理"。不过，二值原理并不是任何逻辑学都必须采用的方针。我们接下来要学的标准式逻辑学就采用二值原理。

> 二值原理：命题是真和假中的一种。

17.2 否定的定义

如果以二值原理为前提，否定的意义就可以做如下定义。

¬P：P 为真时 ¬P 为假，P 为假时 ¬P 为真

再借助具体例子加深一下理解。

问题 20 说出下列命题 P 和 ¬P 的真假。

（1）P：富士山是日本第一高山。

¬P：富士山不是日本第一高山。

（2）P：富士山是世界第一高山。

¬P：富士山不是世界第一高山。

答案很明确吧。（1）中 P 为真，¬P 为假。（2）中 P 为假，¬P 为真。

这就是标准式命题逻辑的否定定义。（此后所分析的全都是标准式逻辑学，所以，我将会省略掉"标准式"，只说"命题逻辑"。）这个定义可以用表来表示，具体如表 17-1 所示。

左边写 P 的真假，右边写与之相对应的 ¬P 的真假。现在的情况下，第 1 行表示"P 为真时 ¬P 为假"，第 2 行表示"P 为假时 ¬P 为真"。这样的表被称作"**真值表**"。

接下来用"1"代指"真"，用"0"代指"假"。使用 1 和 0 表示的话，具体如表 17-2 所示。

表 17-1

P	¬P
真	假
假	真

表 17-2

P	¬P
1	0
0	1

问： 如果仅仅是用表表示倒也还可以，为什么还要再用"1"或"0"将其符号化呢？这样岂不是更难懂了吗？

答： 真值表的好处稍后大家就会切实感受到。请少安毋躁。用"1/0"代表"真/假"也可以，尤其是"假"的笔画较多，所以……此外，"1/0"可是相当意味深厚哦。这一点在后面细讲。

17.3　双重否定律

"双重否定 ¬¬P 等于 P"势必成立。像这种逻辑上势必成立的事情被称为"**逻辑定律**"。这是一条被称为"**双重否定律**"的逻辑定律。如果使用前面的否定定义，就能够表明双重否定律势必会成立（见表 17-3）。

表 17-3

P	¬P	¬¬P
1	0	1
0	1	0

¬P 是 0（假）时 ¬¬P 是 1（真），¬P 是 1（真）时 ¬¬P 是 0（假）。

所以，看一看 P 和 ¬¬P 的关系就会发现，P 为 1（真）时 ¬¬P 也为 1（真），P 为 0（假）时 ¬¬P 也为 0（假）。也就是说，P 和 ¬¬P 从真假角度来讲完全相同。

如果这样来使用真值表，双重否定律成立这一点就能够明确展示出来。这就是使用真值表的益处。这样的益处以后还会更加明显。也有不少人说使用真值表进行调查很愉快，所以，敬请期待吧。

此外，使用"等值"这一用语会使接下来的话题变得更加易懂。先稍微复习一下。关于两个命题 P 和 Q，若 P 为真则 Q 亦为真，P 为假则 Q 亦为假时，就说 P 和 Q 是"等值"的，写作"P ≡ Q"。还记得吗？这一点也重复过多次了。

等值　P ≡ Q　P 为真时 Q 亦为真，P 为假时 Q 亦为假。

若使用等值符号进行表示，双重否定律可写为如下形式。

双重否定律　¬¬P ≡ P

双重否定律是基于命题为真或假的二值原理。倘若命题并非真或假，双重否定律则未必成立。

例如，"车站前的上海亭很美味"就不是一个能判断真假的句子。也就是说，这是一个二值原理不适用的句子。像这种句子，将其造成双重否定就成了"车站前的上海亭不可能不美味"，这就感觉与"车站前的上海亭很美味"的意思有所不同了吧。

像这样，日常语言未必全都依照二值原理。然而，我们现在正要学的命题逻辑是以二值原理为前提。这也就是说，命题逻辑中所定义的否定与日常语言中的否定稍有不同。或许也可以说"¬P"是明确抽出日常语言中否定意义的一个侧面。因此，为了表明"这与日常语言中的否定稍有不同"，需要导入新符号并明确定义其意义。这就是逻辑学使用符号的原因。这样的话题后面还会出现，并且，在后面的内容中，逻辑学使用符号的原因会更加明确。后面再详加分析。

> ✧ **重点用语**
>
> 二值原理：命题是真和假中的一种。
> 等值：$P \equiv Q$，P 为真时 Q 亦为真，P 为假时 Q 亦为假。
> 双重否定律：$\neg \neg P \equiv P$。

第 18 章

联言和选言的意义

18.1 联言的定义

连接命题和命题的词语中有一个是联言。第一篇中出现过了,先来复习一下。

所谓"P 和 Q 的联言"为真,意思就是 P 和 Q 两者都为真。"P 并且 Q"是代表性的联言表达方式。P 和 Q 的联言写作 P∧Q,可以读作"P 并且 Q"。

若用真值表表示 P∧Q 的定义,可表示为表 18-1。

表 18-1

P	Q	P∧Q
1	1	1
1	0	0
0	1	0
0	0	0

来确认一下吧。

1 代表真,0 代表假。左侧的两列列举出了 P 和 Q 真假的组合。P 和 Q 的真假组合有"两者皆为真(1)、P 为真(1)Q 为假(0)、P为假(0)Q为真(1)、两者皆为假(0)"这4种，所以，将这4种排在左侧两列中。

右侧这一列分别写出了与P和Q的真假相对应的P∧Q的真假。P∧Q在P和Q都为真时为真(1)，此外皆为假(0)。

P和Q的真假组合似乎习惯上由上面开始依次为(1、1)(1、0)(0、1)(0、0)。

不按照这个顺序也可以，考试时就有不按照这个顺序作答的人，仅仅顺序不同并不能判为不正确，所以非常难打分。还请大家一定要记住这个顺序啊！

18.2 选言的定义

连接命题和命题的词语中的另一个就是选言。所谓"P和Q的选言"为真，意思就是P和Q至少一方为真（也可以两方都为真）。"P或者Q"是代表性的选言表达方式。

P和Q的选言写作P∨Q，可以读作"P或者Q"。

若用真值表表示P∨Q的定义，可表示为表18-2。

表 18-2

P	Q	P∨Q
1	1	1
1	0	1
0	1	1
0	0	0

左侧的两列列举出了P和Q真假的组合，右侧这一列则分别写出了与P和Q的真假相对应的P∨Q的真假。P∨Q在P和Q任一方为真（1）时为真，P和

Q 两方都为真（1）时也为真（1）。P 和 Q 都为假（0）时 P∨Q 也为假（0）。

来结合具体例子加深一下理解吧。

问题 21　针对下列命题 P 和 Q，说出 P∧Q 和 P∨Q 的真假。

（1）P：法国的首都是巴黎。

Q：意大利的首都是罗马。

（2）P：法国的首都是巴黎。

Q：意大利的首都是那不勒斯。

（3）P：法国的首都是尼斯。

Q：意大利的首都是罗马。

（4）P：法国的首都是尼斯。

Q：意大利的首都是那不勒斯。

问题 21 的解答

P∧Q：（1）真；（2）假；（3）假；（4）假。

P∨Q：（1）真；（2）真；（3）真；（4）假。

18.3　使用符号的原因

在否定部分已经说过了，将"并且"和"或者"分别符号化为"∧"和"∨"绝不是为了省字。逻辑学的语言是明确提取出"并且"和"或者"之类日常语言所具有意义的一个侧面。为了表明这一点，就会使用符号。

来说明一下"∧"。请大家先回答问题。

问题 22 制作 Q∧P 的真值表，确认 P∧Q ≡ Q∧P。

画出真值表就能明白，P∧Q 和 Q∧P 等值。也就是说，P∧Q 为真时 Q∧P 也为真，P∧Q 为假时 Q∧P 也为假。

我们也可以认为 P∧Q 与日常语言中的"P 并且 Q"相对应。例如，对于问题 21，P∧Q 就可以用日常语言表述为"法国的首都是巴黎，并且，意大利的首都是罗马"。但若是日常语言中的"并且"，"P 并且 Q"和"Q 并且 P"就未必等值。例如，"脱掉衣服，并且（然后）进入了澡堂"和"进入了澡堂，并且（然后）脱掉衣服"这两句话就表达了不同的意思。在"P 并且 Q"中，有时还含有 P 之后 Q 这种时间先后关系。因此，"P 并且 Q"和"Q 并且 P"未必等值。

在我们要分析的联言中，"P∧Q ≡ Q∧P"成立。在讲授否定时谈到了符号化的必要性，道理也适用于此。命题逻辑的联言并不考虑时间关系，为了明确这一点，有必要进行符号化定义。

先来写一下问题 22 的答案。

实际上，懂些逻辑学的人也许会觉得有点儿意外，但很多初学者确实写不出 Q∧P 的真值表，所以教师必须好好教一教这个知识点。的确，初学者常常会在你意想不到的地方出问题。

Q∧P 在 Q 为真（1）且 P 为真（1）时为真（1），除此之外都为假（0）。看一下表 18-3，Q 和 P 都为 1 的是最上面的第一行，所以 Q∧P 也是最上面的一行是 1，其他都是 0。

表 18-3

P	Q	P∧Q	Q∧P
1	1	1	1
1	0	0	0
0	1	0	0
0	0	0	0

问题 22 的解答

根据真值表，可以说 P∧Q ≡ Q∧P。

也说明一下针对选言导入"∨"这一符号的原因。大家还记得在第 5 章中说过选言有相容选言和不相容选言吗？相容选言是 P 和 Q 两方都为真时"P 或者 Q"也为真之类的"或者"的用法。例如，"这次旅行去温泉或者海边休养地"这句话就说明也可以去海边休养地的温泉。与此相对，不相容选言就像说"午餐配咖啡或者红茶"时的"或者"一样，只能是其中一方，不可以是两方。也就是，若 P 和 Q 两方都为真，"P 或者 Q"则为假之类的"或者"的用法。

就像刚刚展示的 P∨Q 的定义所表明的一样，即 P 和 Q 两方都为真，P∨Q 也为真。也就是说，P∨Q 是相容选言。

日常语言中的"或者"有各种各样的意义，但我们从中提出相容选言之类的意义，并明确进行定义。所以，这里也是为了表明与日常语言中的"或者"稍有不同才导入"∨"这一符号。

第19章

逻辑公式

将联言和否定结合起来看一看。为了明确否定内容，需要使用括号。请比较下列①和②。①和②意思并不相同。

① ¬P∧Q
② ¬（P∧Q）

①只否定P。与此相对，②则否定P∧Q整体。

① ¬P∧Q：（并非P）并且Q。
② ¬（P∧Q）：并非（P并且Q）。

虽然有点儿不够严密，但这里仅仅是为了不引起歧义才使用括号。请大家只注意①和②的差异。例如，"午饭既没吃天妇罗盖饭也没吃炸猪排盖饭"与"午饭并没有吃天妇罗盖饭和炸猪排盖饭这两种"，前者具有"并非P，并且，并非Q"这一形式，而后者则具有"并非（P并且Q）"这一形式。如果用符号表示，前者是¬P∧¬Q，后者则是¬(P∧Q)。

还有，括号只使用"( )"。括号中再出现子括号的情况也不使用中括号"[ ]"或者大括号"{ }"，而是只使用"( )"。所以便会出现¬(P∧¬(P∨Q))这样的写法。

练习问题40 分别用P、Q代替"串本君在房间里"和"玄田君在房间里"，然后用符号表示下列命题的形式。

（1）串本君不在房间里，但玄田君在房间里。

（2）串本君在房间里，但玄田君不在房间里。

（3）串本君和玄田君都不在房间里。

（4）并不是串本君和玄田君两人都在房间里。

¬P∧Q和¬(P∧Q)之类用符号表示的表达式被称为"**逻辑公式**"。

即使只有P也是逻辑公式，¬P也是逻辑公式，但也有极其复杂的逻辑公式。逻辑公式的定义在说明"如果"之后已经顺带讲过了，这里大家也可以大致将其理解为"用某种符号（P、Q、……逻辑常项、括号）表达的表达式"。

重要的一点是，逻辑公式并不是命题。也就是说，无法对逻辑公式判断真假。这一点或许稍微懂得一点儿逻辑学的人反而会比零起点的初学者更感到不解。例如，

P∧Q 是逻辑公式，而 P 和 Q 是表示可以代入某个命题的符号，好好给其一个名称吧。因为表示可以代入命题的符号，所以就是"**命题符号**"。

一旦将具体命题代入命题符号 P 和 Q，P∧Q 也就成了具体命题，但如果只是 P 和 Q 本身，P∧Q 并不是具体命题，它仅仅决定命题的形式。所以，如果将"法国的首都是巴黎"代入 P，将"意大利的首都是罗马"代入 Q，两方则都是真命题，所以，P∧Q 就会成为真命题，但若将 P 改为"法国的首都是尼斯"，这就是一个假命题，所以，P∧Q 就会为假。

也就是说，仅仅是 P∧Q 的话，并不能判定真假。

像这样，将具体命题代入逻辑公式中的命题符号使整个逻辑公式成为能判断真假的命题，我们称为"**解释逻辑公式**"。

练习问题 41　针对（1）～（5），若将 P 解释为"《枕草子》是紫式部所写"，将 Q 解释为"《源氏物语》是紫式部所写"，判断一下被解释后命题的真假。

（1）P∧Q

（2）¬P∧Q

（3）P∧¬Q

（4）¬P∧¬Q

（5）¬(P∧Q)

✧ **重点用语**

逻辑公式：用命题符号、逻辑常项、括号表示的表达式。

解释：将具体命题代入逻辑公式中的命题符号使整个逻辑公式成为能判断真假的命题。

第20章

命题逻辑的逻辑定律（1）：
关于否定、联言、选言

20.1 矛盾律

大家知道 P∧¬P 这个逻辑公式是什么意思吗？命题 P 和 ¬P 的联言。是的，矛盾。矛盾势必为假，所以，其否定则势必为真。这就是被称为"矛盾律"的逻辑定律。

> 矛盾律　¬(P∧¬P)

问：是 ¬(P∧¬P) 这个逻辑公式吗？前面不是说过逻辑公式不分真伪吗？

答：是的。如果能够很好地理解这一点的话，或许就应该说"¬(P∧¬P) 无论怎么解释都是真命题"。但是，¬(P∧¬P) 不需要解释就可以说是真，所以，如果愿意也可以称其为命题。只是措辞方面的问题，哪一种都没关系。不过，像 P∧Q 这样的逻辑公式如果不解释就不能判断真假，所以，这还不是命题，解释之后才会成为命题。这一点稍后再做说明。

针对矛盾律做一个真值表，就可以清晰地看出矛盾律势必会成立。

后面还会用真值表确认逻辑上成立的各种各样的事情，所以，请好好掌握真值表的制作方法，以便能够给复杂的逻辑公式制作真值表。

请制作矛盾律的真值表（见表 20-1）。

表 20-1

P	¬P	P∧¬P	¬(P∧¬P)
1	0	0	1
0	1	0	1

说明一下真值表的制作方法。

（1）写出表头。

- 因为包含在 ¬(P∧¬P) 中的命题符号是 P，所以在最左侧写上 P。
- 因为有 ¬P，所以在表格的接下来一列写上 ¬P。
- 因为有 P∧¬P，所以在表格的再接下来一列写上 P∧¬P。
- 表格的最后一列写上现在正在分析的逻辑公式 ¬(P∧¬P)。

（2）将具体命题代入 P 的时候，这里只看被代入命题的真假，所以要考虑真假两种情况（不明白这一点的人可能再往下看一看就会明白了）。真写作"1"，假写作"0"。根据否定和联言的定义来填表。

- 先在表中 P 的下面写上 1 和 0。
- 根据否定的定义可知，P 为 1 时 ¬P 为 0，P 为 0 时 ¬P 为 1，所以，在表中 ¬P 的下面写上 0 和 1。
- 根据联言的定义可知，P 为 1、¬P 为 0 时 P∧¬P 为 0，P 为 0、¬P 为 1 时 P∧¬P 为 0，所以，在表 20-1 中 P∧¬P 的下面写上两个 0。
- 根据否定的定义可知，P∧¬P 为 0 时 ¬（P∧¬P）为 1，所以，在表 20-1 中 ¬（P∧¬P）的下面写上两个 1。

根据 ¬（P∧¬P）的真值表可以明白什么呢？

如果将具体命题代入 ¬（P∧¬P）的命题符号 P，¬（P∧¬P）整体的真假就可定。

假设将真命题代入 P。看一下真值表中 P 为 1 时，就能够知道 ¬（P∧¬P）也为 1。

假设将假命题代入 P。看一下真值表中 P 为 0 时，就能够知道 ¬（P∧¬P）此时还是为 1。

也就是说，无论代入 P 的是真命题还是假命题，¬（P∧¬P）都为真。现在只考虑真命题和假命题这两种情况（二值原理），所以，将此换种说法就是，¬（P∧¬P）是无论怎么解释都恒为真的逻辑公式。这样的逻辑公式被称为**"恒真式"**。

在这种简单的事例中，制作真值表的好处或许还不太能感觉到，当出现复杂的逻辑公式，就能够切实感受到真值表的好处。敬请期待！

20.2 排中律

逻辑公式 P∨¬P 被称为"**排中律**"，同样，无论代入 P 什么命题加以解释，其都势必为真。只有 P 和 P 的否定中的一种情况，排除肯定和否定中间的情况，所以被称为"排中律"。

如果做一下真值表的话，就能够明确展示出 P∨¬P 是一个恒真式，也就是说，无论 P 是真还是假，P∨¬P 整体上都恒为真。

练习问题 42 请用真值表证明 P∨¬P 是恒真式。

这次请使用选言"∨"的定义。在 P 和 Q 至少其中一方为真时，P∨Q 为真。P 和 Q 两方都为假时，P∨Q 为假。真写作"1"，假写作"0"，这些大家还记得吗？

> ✧ **重点用语**
>
> 恒真式：无论怎么解释都势必为真命题的逻辑公式。
> 矛盾律：¬（P∧¬P）。
> 排中律：P∨¬P。

20.3 命题逻辑的德·摩根定律

第一篇中讲了联言和选言的德·摩根定律。我们先稍微复习一下。

问题 23 在下面的空格中写上合适的命题,并选出"并且"或"或者"。

(1)小坂君午饭并没有天妇罗盖饭和炸猪排盖饭两种都吃。

≡ [①] ,(并且/或者), [②] 。

(2)佐佐君午饭没吃天妇罗盖饭和炸猪排盖饭中的任何一种。

≡ [③] ,(并且/或者), [④] 。

概而言之就是"联言的否定即否定的选言""选言的否定即否定的联言"。"≡"这个符号还记得吧?P ≡ Q 读作"P 和 Q 等值",意味着若 P 为真则 Q 也为真,P 为假则 Q 也为假。

问题 23 的解答

(1)①小坂君午饭没吃天妇罗盖饭,或者,②小坂君午饭没吃炸猪排盖饭。

(2)③佐佐君午饭没吃天妇罗盖饭,并且,④佐佐君午饭没吃炸猪排盖饭。

若是将刚刚复习的联言和选言的德·摩根定律用逻辑

公式表示，则具体如下。

联言和选言的德·摩根定律

$\neg(P \land Q) \equiv \neg P \lor \neg Q$

$\neg(P \lor Q) \equiv \neg P \land \neg Q$

下面用真值表展示一下德·摩根定律的成立。

先画出否定、联言、选言的真值表（见表 20-2）。

表 20-2

P	¬P	P	Q	P∧Q	P	Q	P∨Q
1	0	1	1	1	1	1	1
0	1	1	0	0	1	0	1
		0	1	0	0	1	1
		0	0	0	0	0	0

例 41 $\neg(P \land Q) \equiv \neg P \lor \neg Q$

说明一下真值表的制作方法（见表 20-3）。

（1）写出表头。

- 因为¬（P∧Q）和¬P∨¬Q 中有 P 和 Q 这两个命题符号，所以在最左侧写上 P 和 Q。因为有 P∧Q，所以在表的接下来一列写上 P∧Q，然后在其相邻一列写上它的否定¬（P∧Q）。
- 接下来，¬P∨¬Q 也是一样，首先写上¬P，在其相邻一列写上¬Q，然后在最右侧一列写上¬P∨¬Q。

（2）根据否定、联言、选言的定义来填表。

- 先在表中 P 和 Q 的下面写上 1 和 0。有 P 和 Q 两方皆为真（1、1），P 为真、Q 为假（1、0），P 为假、Q 为真（0、1），P 和 Q 两方皆为假（0、0）这四种情况，将其分别写在表中 P 和 Q 的列中。
- 根据联言的定义填写 P∧Q 这一列。
- 根据否定的定义填写 ¬（P∧Q）这一列。当 P∧Q 为 1 时，¬（P∧Q）为 0；当 P∧Q 为 0 时，¬（P∧Q）为 1。
- 接下来看一下 ¬P∨¬Q。首先根据否定的定义来填写 ¬P 和 ¬Q 这两列。然后根据选言的定义写上与 ¬P 和 ¬Q 相对应的 ¬P∨¬Q 的真假（1/0）。当 ¬P 和 ¬Q 皆为 0 时，¬P∨¬Q 也为 0，除此之外 ¬P∨¬Q 都为 1。

表 20-3

P	Q	P∧Q	¬（P∧Q）	¬P	¬Q	¬P∨¬Q
1	1	1	0	0	0	0
1	0	0	1	0	1	1
0	1	0	1	1	0	1
0	0	0	1	1	1	1

通过这个真值表来比较 ¬（P∧Q）和 ¬P∨¬Q 就会发现 1 和 0 的排列方式相同，两者都是自上而下分别为 0、1、1、1。也就是说，无论将什么命题代入这两个逻辑公式的命题符号 P 和 Q，¬（P∧Q）和 ¬P∨¬Q 的真假都相同。所以，我们就可以说 ¬（P∧Q）和 ¬P∨¬Q 等值。

接下来做一下关于 ¬（P∨Q）≡ ¬P∧¬Q 的练习。

练习问题 43 请用真值表来证明 ¬（P∨Q）≡ ¬P∧¬Q。

第 21 章

假言的意义

21.1 假言的定义

用"如果 P 则 Q"这样的形式表示的条件句写作 P⊃Q，可以读作"如果 P 则 Q"。"⊃"这一逻辑常项被称为"**假言**"。表示条件的 P 被称为"**前件**"，表示结果的 Q 被称为"**后件**"。

在用真值表定义假言的意义时，会稍微有一点儿麻烦。例如，我们来思考一下下面这个条件句（A）。

A：如果花子未满 10 岁，花子就可以享受折扣。

在下面这些情况下，这个条件句 A 是真还是假？

①花子未满 10 岁，并且，花子享受了折扣。
②花子未满 10 岁，但是，花子没有享受折扣。

③花子不是未满 10 岁。即便如此，花子还是享受了折扣。

④花子不是未满 10 岁，并且，花子没有享受折扣。

在①这种情况下，也许可以说条件句 A 为真。在②这种情况下，因为未满 10 岁但没有享受折扣，所以条件句 A 明显为假。那么，③和④怎样呢？

"如果花子未满 10 岁，花子就可以享受折扣"这个条件句根本没说不是未满 10 岁的情况是否可以享受折扣。即使不是未满 10 岁，也可能因为其他条件而可以享受折扣，也可能不可以享受折扣。所以，在花子不是未满 10 岁的情况下，不管是否享受折扣，都不能说条件句 A 为假。

这里我们必须想到采用"二值原理"。二值原理是说"命题是真和假中的一种"，是我们现在所分析逻辑学的前提。

所以，如果不能说是假，那就等于是真。这就是采用二值原理情况下假言意义的定义。真值表如表 21-1 所示。

表 21-1

P	Q	P⊃Q
1	1	1
1	0	0
0	1	1
0	0	1

若是从日常语言中"如果"的感觉来看，会稍微有点儿违和感，但我们还是想要创制出基于日常语言的逻辑专用的人工语言，并且在创制这种人工语言时遵循二值原理。因为也会有不遵循二值原理的体系，所以，这里"⊃"的定义也并非唯一。但是，由于我们现在是采用二值原理这一简单理解方式，所以，"⊃"的定义也可以像

表 21-1 所示的真值表那样进行表示。前件 P 为假时，无论后件 Q 是真还是假，P⊃Q 都为真。这就是这里给出的定义。

这里面也包含了不使用日常语言"如果"而是使用"⊃"这一符号的意义，也就是虽然基于日常语言，但还是跟日常语言稍微有所不同。对于"⊃"的情况，也许不是稍微不同，而是相当不同。

> ✧ 重点用语
>
> 前件：假言逻辑公式 P⊃Q 中 P 的部分。
> 后件：假言逻辑公式 P⊃Q 中 Q 的部分。

看，这样就能够给命题逻辑中逻辑常项的意义下定义了。将它们都写出来（见表 21-2），若是忘记了，请回到这里来确认。

表 21-2

否定（并非）

P	¬P
1	0
0	1

联言（并且）

P	Q	P∧Q
1	1	1
1	0	0
0	1	0
0	0	0

选言（或者）

P	Q	P∨Q
1	1	1
1	0	1
0	1	1
0	0	0

假言（如果）

P	Q	P⊃Q
1	1	1
1	0	0
0	1	1
0	0	1

在给所有的逻辑常项下定义后，我再附加两点补充说明。大家轻松地读一读就可以。

21.2 计算机和逻辑电路

我们可以将真值表做成电路。那样的电路被称为"逻辑电路"，是计算机的基础。

来展示一下逻辑电路的例子（见图 21-1）。

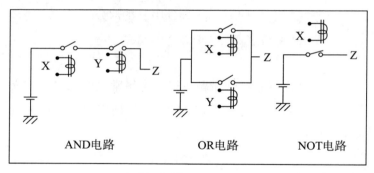

图 21-1 逻辑电路

说明一下 AND 电路。X、Y 处的缠绕式符号是电磁石。其上面是开关。在图中，开关是敞开着的状态，也就是 OFF 的状态。所以，要给 X 接入电源。也就是说，一旦使电磁石处于 ON 的状态，电磁石就会发挥作用吸引上面的开关。然后，开关就会处于闭合状态。Y 也是一样。于是，在这个装置中，当将 X 和 Y 两方都设为 ON 的状态时，电流就会流向 Z，这与 X∧Y 的真值表是一样的道理。

设想 ON 是 1，OFF 是 0。于是，当 X 和 Y 皆为 1（ON）时，整体（Z）也为 1（ON），除此之外都为 0（OFF）。

在 OR 电路这种构造中，一旦将 X 设为 ON，上面的开关就会闭合，仅仅如此，电流就会流向 Z。将 Y 设为 ON 的时候也是一样，仅仅是 Y 上面的开关闭合，电流就会流向 Z。这与 X∨Y 的真值表是一样的道理。

而在 NOT 电路构造中，一旦将 X 设为 ON，电磁石就会吸引开关，开关就会敞开，电流就不再流向 Z。一旦将 X 设为 OFF，开关就会返回去，电路闭合连接起来，电流流向 Z。也就是说，X-ON → Z-OFF、X-OFF → Z-ON，这与 ¬X 的真值表是一样的道理。

不擅长理解这些知识的人只要明白"逻辑是计算机的基础"就可以了。

21.3　逻辑公式的定义

前面大致讲了一下逻辑公式和括号的用法，这里进行详细说明。实际上，对于初学者来说，只要大体明白逻辑公式是什么和如何使用括号就可以了，如果因为试图理解严密的定义而感到厌烦的话反而不好了，但知道逻辑学是一门必须严谨定义这些内容的学问或许倒也不错。可能也会有人觉得这很有趣。

那么，来看一下逻辑公式的定义吧。

逻辑公式的定义

（1）命题符号 P、Q、R、……是逻辑公式。
（2）A、B 是逻辑公式时，下面这些是逻辑公式。

¬(A)
(A)∧(B)
(A)∨(B)
(A)⊃(B)

看了这个定义或许会有人不太明白。由（1）可知，P、Q、R、……是逻辑公式，那就这样定义逻辑公式好了。即便如此，还是不太明白（2）。明明还没有明确定义什么是逻辑公式就直接说"A、B 是逻辑公式时"，这种写法就好像大家已经明白逻辑公式是什么了似的，可能也会有人对此感到疑惑。

这个定义中使用了在逻辑公式定义中尚未被明确定义的逻辑公式一词。就像在定义 X 时，在其定义中使用 X 自身，这种定义方式叫作"递归定义"。这是一种有点儿独特却经常被使用的定义方式。

看一下逻辑公式的定义吧。现在为了理解起来简单，命题符号只设定 P 和 Q 这两个。根据（1）可知，P、Q 是逻辑公式。这样的话，根据（2）可知，下面这些也是逻辑公式。

¬(P)、¬(Q)、(P)∧(Q)、(P)∨(Q)、(P)⊃(Q)

因为这些是逻辑公式，所以再次运用（2）的话，下面这些也是逻辑公式。照这样推下去还会有很多，所以仅举一个例子。

¬(¬(P))、¬((P)∧(Q))、((P)∧(Q))∧((P)∨(Q))、……

以（1）中被认为是逻辑公式的 P、Q、R、……为起点，然后再运用（2），就可以形成新的逻辑公式。基于这样形成的逻辑公式，再运用（2）的话，还可以继续形成逻辑公式，如此循环不尽。也就是说，这个逻辑公式的定义展示了逻辑公式的形成方法，这样形成的表达式，以及其本身都可作为逻辑公式。

可是，这样形成的逻辑公式、括号不是很麻烦吗？所以，我们就给其一个省略括号的规则。为了给其这个规则，需要先导入一些用语。这些用语在本书中只会用于此处，所以不必特意去记。

原子式：不包含逻辑常项的逻辑公式叫"原子式"。

复合式：包含逻辑常项的逻辑公式叫"复合式"。

否定式：当 X 是逻辑公式时，¬(X) 形式的逻辑公式叫作"否定式"。

命题符号 P、Q、R、……是原子式。

¬(P)、(P)∧(Q)、¬((P)∨(Q))、……是复合式。

¬(P) 和 ¬((P)∨(Q)) 是否定式。需要注意一下否定式，请大家比较一下下面这两个逻辑公式。

¬((P)∨(Q))　①
(¬(P))∨(Q)　②

如果不仔细看，也许无法理解其中的差异，①是否定（P)∨(Q)这一整体。与此相对，②是用选言将P的否定和Q连接起来。①中的否定统领其后面的整个逻辑公式，而②中的否定则只关涉到P。否定式是指①这种类型，②并非否定式。也就是说，否定式始终是逻辑公式整体的否定，即"¬( )"这种形式。

下面来看一下使用以上用语的省略括号规则。

省略括号规则
（1）在否定式¬(X)中，X是原子式时括号省略。
（2）在复合式(X)∧(Y)、(X)∨(Y)、(X)⊃(Y)中，X和Y是原子式或者否定式时括号省略。

举个具体例子看一下。下面的例子是省略括号规则运用前和运用后。

运用前：(¬((P)∨(Q)))⊃((¬(P))∧(¬(Q)))
运用后：¬(P∨Q)⊃(¬P∧¬Q)

运用省略括号规则后很痛快吧？不过，大家也不必特意去记住并运用上述规则。本书给读者的规则是——为了不引起歧义，请使用括号！

第22章

命题逻辑的逻辑定律（2）：加上假言

22.1 确认 A 和 A 的对偶为等值

对于 P⊃Q（假设逻辑公式为 A），A 的相反、倒换、对偶可定义如下。

```
A：P⊃Q
A 的相反：Q⊃P
A 的倒换：¬P⊃¬Q
A 的对偶：¬Q⊃¬P
```

在第一篇中，关于"相反（倒换）未必为真"这一条已经反复练习过了。A 为真时，与之联动势必为真的只有对偶。使用真值表来确认一下这一点。

练习问题 44 完成表 22-1 所示的真值表。

表 22-1

P	Q	¬P	¬Q	P⊃Q	Q⊃P	¬P⊃¬Q	¬Q⊃¬P
1	1						
1	0						
0	1						
0	0						

先为还不熟练的人（可能大部分人都是如此）解说一下。前面已经用真值表为否定、联言、选言、假言下了定义，请基于那些定义来填写表格。

这时候，比起逐行填写，竖着逐列填写或许更容易。（顺便说一下，横为"行"，竖为"列"。）也就是说，P 为 1，Q 也为 1 时，比起横着看，分别写出 ¬P 为 0，¬Q 也为 0，P⊃Q 为 1，Q⊃P 为……先根据否定定义竖着填上 ¬P 和 ¬Q 这两列更轻松，出错概率也更小。

接下来填写 P⊃Q 和 Q⊃P 这两列，或许有人不明白 Q⊃P。X⊃Y 在 X 为 1 而 Y 为 0 时为 0，此外都为 1。所以，Q⊃P 在 Q 为 1 而 P 为 0 时为 0，此外都为 1。

同样，¬P⊃¬Q 在 ¬P 为 1 而 ¬Q 为 0 时为 0，此外都为 1。

完成表格之后来确认一下哪个和哪个等值。

A 和 B 等值，也就是 A ≡ B，是指 A 和 B 真假一致。从该表中可以看出下面的等值关系。

P⊃Q ≡ ¬Q⊃¬P

Q⊃P ≡ ¬P⊃¬Q

也就是说，P⊃Q 与其对偶等值，与相反和倒换并不等值。

22.2　前件肯定式与后件否定式（对偶论证法）

下面的逻辑公式是恒真式。

①((P⊃Q)∧P)⊃Q
②((P⊃Q)∧¬Q)⊃¬P

①讲的是假言 P⊃Q 以及若其前件 P 为真则其后件 Q 亦为真。因此，如果肯定前件 P 就可以说 Q，所以被称为"**前件肯定式**"。

②是前面提到过的"对偶论证法"。对偶论证法讲的是假言 P⊃Q 以及若其后件 Q 的否定为真则 P 的否定亦为真，所以也被称为"**后件否定式**"。

记住这些恒真式并没有什么坏处，但本书并不以特意记住这些恒真式为目标。此外，记住"前件肯定式"和"后件否定式"之类的名称也不是本书所追求的目标。我们的目标是理解现代的符号逻辑学这门学问是怎样的学问。

下面用真值表来确认一下前件肯定式和后件否定式（对偶论证法）为恒真式。还不清楚真值表制作方法的人请参阅前面的说明好好把握一下要领。

练习问题 45 制作((P⊃Q)∧P)⊃Q 的真值表，确认其为恒真式。

练习问题 46 制作((P⊃Q)∧¬Q)⊃¬P 的真值表，确认其为恒真式。

第 23 章

现在我们正在做什么

23.1 回顾之前的内容

用符号书写的表达式不断出现,一填表最后就是"1"之类的符号排成一排,真可以说是处处充满着"异国情调"啊。与此同时,我们可能也很容易忽视这究竟是在做什么。这里先暂时停下来,回顾一下过往,展望一下未来。

逻辑学是系统研究演绎的学问。

所谓演绎,就是倘若认可前提为真则势必得认可结论亦为真的推理。

在演绎中,结论中所说的内容包含在前提的意思之内。结论内容是从前提内容中提取出来的。所以,若前提为真则结论也势必为真。

赋予某个演绎特征,并说明该演绎正确性的语言是逻辑常项。也就是说,包含在前提中的逻辑常项的意义决定了该演绎的正确性。

命题逻辑作为逻辑学中最基础的部分,会选出一些论述任何主题都会用到的通用性词语来做逻辑常项。那就是否定、联言、选言、假言。

研究基于否定、联言、选言、假言之类逻辑常项的意义而成立的演绎的逻辑体系就是命题逻辑。

否定、联言、选言、假言之类逻辑常项的意义分别可以通过真值表加以定义,这一点前面已经分析过了。

基于这种定义,试着制作$((P \supset Q) \land P) \supset Q$的真值表。如此一来就会发现,无论代入 P 和 Q 真命题还是假命题,这个逻辑公式总是为真,也就是恒真式。

我们把开头和结尾的内容联系起来。逻辑学是系统研究演绎的学问,此外,现在我们知道了恒真式这一独特逻辑公式的存在及其辨别方法。那么,演绎和恒真式如何建立联系呢?

接下来进入新的话题。

23.2 假言的恒真式和演绎

稍后再做详细说明,这里先讲一下希望大家明白的要点。关于演绎和恒真式的关系,可以这么说:

"A。所以，B"作为演绎正确　①
$$\Updownarrow$$
A⊃B 是恒真式　②

双线箭头意味着如果①成立则②势必成立，相反，如果②成立则①势必成立。

来论证一下如果①成立则②也成立吧。

"A。所以，B"作为演绎正确就是说，前提 A 为真时结论 B 也势必为真。

因为 A 为真时 B 也势必为真，所以，A⊃B 也势必为真，也就是恒真式。

反过来论证一下如果②成立则①也成立吧。

假设 A 为真但 B 为假，那么，根据假言定义可知，A⊃B 整体为假。但是，由②可知 A⊃B 为恒真式，所以，当 A 为真时 B 也势必为真。

这时，"A。所以，B"便是前提 A 为真时结论 B 也为真，所以其作为演绎是正确的。

问：听起来有点儿啰唆啊。即使不这样一一分析，A⊃B 也是"如果 A 则 B"吧？这样的话，那不就与"A。所以，B"是一回事儿吗？

答：哎呀，如果你能这么直观地想，那就已经理解我要说的内容了。不过，需要注意的是，"A。所以，B"是在陈述 A 和 B 这两个逻辑公式的关系，而 A⊃B 是一个逻辑公式。倒也不是不能说两者之间没有太大差异，但还是应该加以区分。

问：为什么要用 A 和 B 来表示呢？之前明明一直在用 P 和 Q 啊。

答：说"A。所以，B"的时候，是在表示由一个前提推导出一个结论的推理。例如，"¬¬P。所以，P""P∧Q。所以，Q""P∨Q。所以，Q∨P"之类都是如此。想要将这样的推理概括起来集中加以表述，所以就选择了"A。所以，B"这一表达方式。A 和 B 中可以代入所有的逻辑公式，不仅仅是 P 和 Q，还包括¬¬P 和 P∧Q 等。

刚刚确认过的演绎与恒真式之间的关系还可以扩展到前提是两个以上的情况。先来看一下前提只有两个的情况。

"A。B。所以，C"作为演绎正确。

⇕

(A∧B)⊃C 是恒真式。

"A。B。所以，C"作为演绎正确就是说，前提 A 和 B 两者都为真时结论 C 也势必为真，并且，A 和 B 都为真就意味着 A∧B 为真，所以，用一个逻辑公式来表示"A。B。所以，C"就是 (A∧B)⊃C。

换言之，如果想要表明"A。B。所以，C"作为演绎正确，只要证明（A∧B)⊃C 这一逻辑公式是恒真式就可以了。

前面已经用真值表论证了（(P⊃Q)∧P)⊃Q 是恒真式。这就意味着下面的推理作为演绎正确。

P⊃Q。P。所以，Q。

同样，前面也用真值表论证了（(P⊃Q)∧¬Q)⊃¬P 是恒真式。这就意味着下面的推理作为演绎正确。

P⊃Q。¬Q。所以，¬P。

也就是说，将推理表示为一个逻辑公式，然后制作其真值表，以此来验证其是否为恒真式。通过这种方法就可以判断使用了否定、联言、选言、假言的推理作为演绎是否正确。

那么，下面的推理如何呢？

P⊃Q。Q。所以，P。

这个推理是否正确，制作出（(P⊃Q)∧Q)⊃P 的真值表验证一下就知道了（见表 23-1）。

看一下表 23-1 就可以知道 P 为假、Q 为真时（(P⊃Q)∧Q)⊃P 为假。

表 23-1

P	Q	P⊃Q	(P⊃Q)∧Q	((P⊃Q)∧Q)⊃P
1	1	1	1	1
1	0	0	0	1
0	1	1	1	0
0	0	1	0	1

((P⊃Q)∧Q)⊃P 为假就是说，前件（P⊃Q）∧Q 为真但后件 P 却为假（请大家确认一下假言的定义）。也就是说，P⊃Q 和 Q 这两个前提皆为真但结论 P 却为假。所谓演绎，就是指前提为真时结论也势必为真的推理，所以((P⊃Q)∧Q)⊃P 不能说是正确的演绎。

为了进一步明确我们正在做什么，来看一下具体的例子。刚刚制作出真值表的((P⊃Q)∧Q)⊃P，在 P 为假、Q 为真时为假。讲得更具体一些就是，如果在 P 中代入假命题，而在 Q 中代入真命题，((P⊃Q)∧Q)⊃P 则为假命题。那也就意味着"P⊃Q。Q。所以，P"作为演绎是错误的。

设定 P 为"鲸鱼是鱼"，Q 为"鲸鱼在水中游"。P 为假，Q 为真。这时，"P⊃Q。Q。所以，P"就会是下列这种情况。

如果鲸鱼是鱼，鲸鱼就在水中游。
鲸鱼在水中游。
所以，鲸鱼是鱼。

鱼在水中游，所以，如果鲸鱼是鱼，鲸鱼就在水中游。

并且，鲸鱼实际上就是在水中游。也就是说，这个推理的两个前提都为真。但是，结论为假。所以，这个推理并非正确的演绎。（是一个使用了"相反"的推理。）

根据真值表可以看出这种具体的推理是否为正确的演绎。

倘若只看符号，或许就容易忘记逻辑公式是命题这一点。不过，P 和 Q 是命题符号，代入具体命题之后，它们才是命题。

大家还记得"解释"这个词吗？就是将具体命题代入逻辑公式的命题符号，使整个逻辑公式成为能判断真假的命题。真值表就是在进行解释。再看一下表 23-1。

表 23-1 的第 1 行表示，如果在 P 和 Q 中代入真命题，整个逻辑公式就会成为真命题。第 3 行表示，如果在 P 中代入假命题，在 Q 中代入真命题，整个逻辑公式就会成为假命题。例如，在 P 中代入"鲸鱼是鱼"，在 Q 中代入"鲸鱼在水中游"时就是如此。

先进行一般化表述吧。所谓（A∧B）⊃C 是恒真式就是说，无论代入 A、B、C 什么样的命题，（A∧B）⊃C 整体都势必为真命题。这时，无论在 A、B、C 中代入什么样的命题，具有"A。B。所以，C"这一形式的推理都势必为正确的演绎。通过具体问题来看一下。

问题 24 用真值表来判断"¬（P∨Q）。所以，¬Q"是否为正确的演绎。

首先，将这个推理表示为逻辑公式。然后，制作该逻辑公式的真值表。据此判断其是否为恒真式。

问题 24 的解答 用逻辑公式表示给出的推理就是¬(P∨Q)⊃¬Q，其真值表如表 23-2 所示。

表 23-2

P	Q	P∨Q	¬(P∨Q)	¬Q	¬(P∨Q)⊃¬Q
1	1	1	0	0	1
1	0	1	0	1	1
0	1	1	0	0	1
0	0	0	1	1	1

因为是恒真式，所以，问题中的推理是正确的演绎。

练习问题 47 用真值表来判断下面的推理是否为正确的演绎。

(1) P∧Q。所以，Q。

(2) P∨Q。所以，Q。

(3) P⊃Q。¬P。所以，¬Q。

(4) P∨Q。Q⊃P。所以，P。

问：逻辑学是将演绎理论化的学问，但矛盾律¬(P∧¬P)和排中律P∨¬P之类的恒真式也表示演绎吗？

答：排中律和矛盾律本身并不包含假言"如果"，所以并不表示推理，但因为其是代入任何命题都势必为真的逻辑公式，所以，在演绎中经常会被用到。例如，下面就是运用了排中律的演绎。

P⊃Q。¬P⊃Q。P∨¬P。所以，Q。

意思是"如果 P 则 Q，即使并非 P 也是 Q，而且是 P 和非 P 中的一种，所以，不管怎样都是 Q"。（大家如果有兴趣可以制作真值表确认一下。）

像这样，即使矛盾律和排中律自身并不表示演绎，也可以运用到演绎中。所以，意思就是，自身并不表示演绎的恒真式也可以用于演绎，成为逻辑学中重要的逻辑公式。

第 24 章

制作各种逻辑公式的真值表

24.1 P ≡ Q 的真值表

P ≡ Q，即 P 和 Q 等值，意思是，P 为真时 Q 也势必为真，P 为假时 Q 也势必为假，所以，当用真值表表示，P 和 Q 的真假一致时就说 P ≡ Q。其真值表如表 24-1 所示。

并且，这等同于 (P⊃Q)∧(Q⊃P)。来看一下相关问题。

练习问题 48 制作 (P⊃Q)∧(Q⊃P) 的真值表，并确认其与 P ≡ Q 一样。

P 和 Q 等值等同于 P⊃Q 和 Q⊃P 两者都成立。因为双向条件句成立，所以 P ≡ Q 又被称作"双向假言"。

24.2　从矛盾中可以得出任何结论

试着制作 (P∧¬P)⊃Q 的真值表（见表 24-2）。

表　24-2

P	Q	¬P	P∧¬P	(P∧¬P)⊃Q
1	1	0	0	1
1	0	0	0	1
0	1	1	0	1
0	0	1	0	1

前件是矛盾。矛盾恒为假，所以，(P∧¬P)⊃Q 是前件恒为假的条件句。根据假言的定义，前件为假时条件句整体为真，所以，(P∧¬P)⊃Q 恒为真，也就是恒真式。

这就是说下面的推理作为演绎正确。

P∧¬P。所以，Q。

这是什么意思呢？P 和 Q 是命题符号，所以可以代入具体命题。无论代入什么样的命题，这个推理作为演绎都正确。例如，下面就是正确的演绎。

下坂君是大学生，并且，不是大学生。
所以，狗能在空中飞翔。

大家可能会觉得下坂君是不是大学生都跟狗能在空中飞翔没有任何关系，是的，实际上就是没关系。由 P∧¬P 可以得出与 P 毫无关系的 Q。再来举一个例子。

车站前的上海亭周日休息，并且，周日不休息。所以，野矢茂树会活到 130 岁。

若是以矛盾为前提，就能得出任何结论，也可以得出"野矢茂树不会活到 130 岁"的结论。既能得出肯定结论也能得出否定结论，这岂不是很矛盾吗？因为前提原本就是矛盾的！

但这对逻辑学来说是相当重要的话题。如果某个体系中包含着矛盾，并且在该体系中（P∧¬P)⊃Q 为恒真式，那在该体系中什么样的命题都能够得出。这就是矛盾不受欢迎的原因。

24.3 制作真值表很有趣吗

不少人会说制作真值表很有趣。一旦最后一行出现 1，就会很开心。再为这样的人出几个问题吧。可以不必考虑逻辑公式的意义，就当作解谜吧。

练习问题 49 制作下列逻辑公式的真值表。（假设给出的逻辑公式为 A。因为表中最后一列的逻辑公式太长而感到麻烦时可以直接写作 A。）

（1）A=¬P⊃(P⊃Q)

（2）A=（P∨¬Q)∨（¬P∧Q)

（3）A=((P⊃Q)∧(¬P⊃Q))⊃Q

命题符号为 P、Q、R 这 3 个，真假组合从 P、Q、R 全都为真到全都为假，共计 8 种。除此之外都与之前制作真值表的方式相同。只是需要费点儿工夫。不过，如果最后出现的是 1，就会油然生出一种愉快的感觉。

例 42　A=((P∨Q)∧R)⊃P 的真值表（见表 24-3）。

只说明一下 P、Q、R 这一列的写法。如果 8 种情况全都列出的话，顺序怎样都可以，不过，表 24-3 是从（1、1、1）开始到（0、0、0）结束，依次有规则地排列。首先设定 P 为 1，分别列出 Q 和 R 的 4 种情况。列出 Q 和 R 的

表 24-3

P	Q	R	P∨Q	(P∨Q)∧R	A
1	1	1	1	1	1
1	1	0	1	0	1
1	0	1	1	1	1
1	0	0	1	0	1
0	1	1	1	1	0
0	1	0	1	0	1
0	0	1	0	0	1
0	0	0	0	0	1

4 种情况时，与有两个命题符号时一样处理。然后再设定 P 为 0，分别列出 Q 和 R 的 4 种情况。（知道二进制数的人或许已经注意到表 24-3 由下面开始是二进制数的顺序。）

来做一个 3 个命题符号的练习。

问题 25　制作下列逻辑公式 A 的真值表。
　　　　　A=((P⊃Q)∧(Q⊃R))⊃(P⊃R)

这就是说"P⊃Q 和 Q⊃R 为真时，P⊃R 势必为真"，是第 9 章中讲过的"推移律"。能够顺利回答这个问题的

人请接着做下面的练习。我在下一个练习后面给出了这个问题的答案，觉得还不是太明白的人请以此为参考。

练习问题 50 制作下列逻辑式 A 的真值表。

(1) A=((P∧Q)∨R)⊃(P∨R)

(2) A=((P∨Q)⊃R)∨¬R

(3) A=((P∨Q)∧((P⊃R)∧(Q⊃R)))⊃R

（假设 B=(P∨Q)∧((P⊃R)∧(Q⊃R))。）

问题 25 的解答

A 的真值表如表 24-4 所示。

表 24-4

P	Q	R	P⊃Q	Q⊃R	(P⊃Q)∧(Q⊃R)	P⊃R	A
1	1	1	1	1	1	1	1
1	1	0	1	0	0	0	1
1	0	1	0	1	0	1	1
1	0	0	0	1	0	0	1
0	1	1	1	1	1	1	1
0	1	0	1	0	0	1	1
0	0	1	1	1	1	1	1
0	0	0	1	1	1	1	1

制作真值表有趣吗？再为觉得有趣的人出一道附加题——命题符号有 4 个的情况。已经填好表头，请大家填上 1 和 0。

练习问题 51 制作 A=((Q⊃P)∧¬(R∧S))⊃((Q∨R)⊃(S⊃P)) 的真值表（见表 24-5）。

表 24-5

P	Q	R	S	Q⊃P	R∧S	¬(R∧S)	(Q⊃P)∧¬(R∧S)	Q∨R	S⊃P	(Q∨R)⊃(S⊃P)	A
1	1	1	1								
1	1	1	0								
1	1	0	1								
1	1	0	0								
1	0	1	1								
1	0	1	0								
1	0	0	1								
1	0	0	0								
0	1	1	1								
0	1	1	0								
0	1	0	1								
0	1	0	0								
0	0	1	1								
0	0	1	0								
0	0	0	1								
0	0	0	0								

第 25 章

将"所有"和"有的(存在)"加进逻辑常项

先简单复习一下"逻辑常项"。所谓逻辑常项,就是某个演绎中赋予那个演绎特征的部分,是用来说明该演绎正确性的语言。命题逻辑提取出否定、联言、选言、假言这四类可以作为逻辑常项的语言,并试图系统把握基于这些逻辑常项而成立的演绎。命题逻辑的事情还没有讲完,这里先在命题逻辑的四种语言之上,再提取出"所有"和"有的(存在)"这两个词加入逻辑常项中。

在命题逻辑中加进这两个逻辑常项而成立的演绎体系被称作"**谓词逻辑**"。(后面会说明其为什么被称作"谓词"逻辑。)

为了严密把握"所有"和"有的(存在)"的逻辑学意义,再好好重新思考一下吧。一开始也许会感觉在老生常谈地说一些大家都熟悉的内容，但话题会逐渐变得复杂起来。这里如果不好好思考的话，就无法向前进行。

25.1 单称命题、个体变项、论域

在思考全称命题和存在命题之前，先来思考一下更加单纯的仅由主语和谓语组成的单称命题吧。例如，"阿春是猫"这一单称命题就可以分解为主语和谓词。主语是"阿春"，谓词是"……是猫"。

用"x"替代"……是猫"中的"……"，表示为"x 是猫"。我们可以将阿春、阿杏、点点或者夏目漱石代入"x"。如果将阿春代入"x 是猫"中的 x，便成了"阿春是猫"，若是将夏目漱石代入其中便成了"夏目漱石是猫"。"阿春"是我家猫的名字，所以"阿春是猫"为真。然而，"夏目漱石"是位作家的名字，所以"夏目漱石是猫"为假。

这里的 x 被称为"**个体变项**"。所谓"变项"，类似于数学中的变量，如果是数学的话，往往会将数代入 x、y、……中，但我们现在讲的 x 也可以代入数以外的内容，阿春也好，夏目漱石也好，什么都可以，所以采用"变项"这一说法。个体则是指可以用"1"来数的事物。如果是阿春就是 1 只，如果是夏目漱石就是 1 位。富士山也可以说是 1 个（怎么数准确呢？是"1 座"吧）。如果是人就被说成"个人"，但这里还可以是动物和山，能用"1"

来数的事物都可以，所以用"个体"这一说法。那么，因为是代入个体的变项，所以称作个体变项。使用什么符号都可以，但我们这里使用 x、y、……。

再来导入"**论域**"这一观念。增加新用语会比较难，但使用论域这一观念就比较容易理解了，大家好好理解一下吧。

在讲全称命题和存在命题的时候往往会先设定好范围，也就是先设定好是"所有"，还是在某个范围中"存在（有的）"。例如，先设定范围是人，或者，数学问题中先设定好思考范围是自然数，一般都会事先定好对象的范围。像这种被规定好的对象范围叫作"论域"。

有时也不规定议论范围。这种情况下个体变项中就可以代入所有个体。如果不规定论域而说"所有的 x"，那就意味着所有的个体就是全部。

25.2　全称命题和存在命题的符号化

以下暂时将论域设定为人。这会使话题变得更加单纯而容易分析。将论域设定为人，意思就是，个体变项 x、y、……出现的时候，代入其中的仅限于人。也就是说，如果说到"所有的 x"，那就意味着"所有的人"。

我们来思考一个全称命题的例子——"所有的人都做梦"。这意味着，无论在"x 做梦"的个体变项 x 中代入什么样的人，都会是真命题。"夏目漱石做梦"也好，"笛卡尔做梦"也好，对谁都是真的。所以，"所有的人都做梦"可以写作"关于所有的 x，x 做梦"。

如果将"x 做梦"符号化为 Fx，"关于所有的 x，Fx"中"关于所有的 x"部分则符号化为 ∀x。于是，"所有的人都做梦"这一命题就会被符号化如下。

∀xFx

谓词形式原本可以被符号化为 Fx、Gx、Hx、……，为什么使用"F"这个字母呢？也许还有人记得第一篇中出现的问题，不记得的人也可以不去在意，但这里还是为记得的人稍微说明一下。一旦在 x 中代入个体，Fx 就会成为具体命题，真假可定，所以就能够将此看作由个体到可以判断真假的函数。例如，"x 写了《源氏物语》"的谓词部分就是如果在 x 中代入紫式部则为真，若是代入清少纳言则为假的函数。因此，将谓词符号化为函数的英语"function"的首字母"F"。表示谓词的 F、G、H、……之类的符号被称为"**谓词符号**"。

"∀"这个符号比较简单，就是将"All"中的 A 倒过来。

问： 怎么感觉说得特别绕呢。明明直接说"将'x 做梦'的谓词部分符号化为 Fx"就好了，可却说什么"将谓词形式符号化"。又或者，直接说"'所有的人都做梦'这一命题被符号化为 ∀xFx"也好，但却说什么"将命题符号化"。为什么要一一加入"形式"呢？

答： 是啊。现在可能是直接简单理解为"将谓词符号化""将命题符号化"比较好。

不过，∀xFx 并不仅仅表示"所有的人都做梦"，还可以做各种各样的解释。例如，"所有的人迟早都会死"和"所有的人都有心脏"也具有 ∀xFx 这一形式。因此，比起说 ∀xFx 表示某个特定命题，还是说其表示那种命题形式更准确。但是，现在也不必太过在意这一点。后面就简单地说成"将谓词符号化""将命题符号化"吧。

对于存在命题也可做同样的思考。因为论域设定为人，所以，当存在将其代入"x 做梦"的个体变项 x 则整个命题为真的人时，就说"有的人做梦"或者"存在做梦的人"。

"有的 x"和"存在 x"被符号化为"∃x"。("∃"是将"Exist"的 E 倒过来。）因此，"有的人做梦"和"存在做梦的人"会被符号化如下。

∃xFx

"∀"表示"x 做梦"中的 x 是所有的人，而"∃"表示"x 做梦"中的 x 至少为 1 个人，因此，它们在表示量这个意义上被称作"**量化算子**"。"∀"是"**全称量化**

算子"，"∃"是**存在量化算子**。此外，对于"x 做梦"，加上 ∀x 表示所有的 x，加上 ∃x 表示存在做梦的 x，我们称此为"**量化（全称量化 / 存在量化）**"。

$$量化算子 \begin{cases} 全称量化算子 & \forall \\ 存在量化算子 & \exists \end{cases}$$

随着谓词的符号化，单称命题的主语部分也会符号化。例如，倘若将谓词"x 是猫"符号化为 Fx，并用 a 表示"阿春"，那"阿春是猫"就会被符号化为 Fa。

谓词 Fx 中的 x 是个体变项，会代入其中一个个的对象，也就是阿春、阿杏或者夏目漱石之类的个体，因此，被代入的个体也会用 a、b、c、……之类的符号表示。这就相当于数学中的常数，因为我们这里谈的不是数，所以被称作"常项"。又由于是专门表示个体的常项，所以是**"个体常项"**。

此处出现了各种各样的新用语，大脑里或许会有点儿乱。稍后会进行整理，在那之前先来做一做练习。比起记住用语，能够回答下面的问题更重要。并且，如果能够很好地回答下面的问题，那基本就没什么问题了。（解答在后面。）

问题 26 设定论域为人，"x 研究哲学"为 Fx，笛卡尔为 a，用符号表示下列句子。

（1）笛卡尔研究哲学。

（2）所有的人都研究哲学。

（3）有的人研究哲学（存在研究哲学的人）。

> ✧ **重点用语**
>
> 谓词符号：表示谓词的符号。
>
> 个体变项：可以代入各种各样个体的变项。
>
> 个体常项：表示特定个体的符号。
>
> 论域：可以代入个体变项的个体范围。
>
> 全称量化算子：意为"所有"的符号∀。
>
> 存在量化算子：意为"有的（存在）"的符号∃。

问题 26 的解答　（1）Fa　（2）∀xFx　（3）∃xFx

问：直接写作∀Fx 或者∃Fx 不行吗？

答：现在即使这么写也没有问题，但后面要是采用这种书写方式就会出问题了。后面再做详细说明，后面不仅有 x，还会出现使用 y 的逻辑公式。这样的话，就必须区分出是"所有的 x"还是"所有的 y"。表示"所有的 x"时写作"∀x"，表示"所有的 y"时写作"∀y"。

现在大家已经大体明白这为什么被称为"谓词"逻辑了吧。全称量化算子"∀"是针对某个谓词 Fx 叙述该谓词适合所有个体。存在量化算子"∃"是叙述适合某个谓词的个体存在于论域之中。在命题逻辑中，我们思考了否定和连接命题的演绎，所以描述命题逻辑时直接用命题单位来讲就可以了，但谓词逻辑会更加细致地分析命题，其中包含的谓词会发挥重要作用。因此，我们称其为"谓词"逻辑。

第26章

谓词逻辑的逻辑公式

与命题逻辑所研究的命题一样，单称命题、全称命题、存在命题也会在谓词逻辑中涉及。所以，在谓词逻辑中也可以进行否定以及用联言、选言、假言进行连接。例如，"a不是F"，否定Fa，写作¬Fa。另外，联言、选言、假言也可以分别写作Fa∧Ga、Fa∨Ga、Fa⊃Ga。

在将全称命题和否定进行结合的时候，区分"所有的人都不做梦"和"并不是所有的人都做梦"非常重要。倘若设定论域为人，"x做梦"为Fx，则可以分别用下面的逻辑公式来表示。

所有的人都不做梦　　∀x¬Fx
并不是所有的人都做梦　¬∀xFx

在将存在命题和否定进行结合的时候，区分"存在不做梦的人"和"不存在做梦的人"非常重要。倘若设定论域为人,"x 做梦"为 Fx,则可以分别用下面的逻辑公式来表示。

存在不做梦的人　　$\exists x \neg Fx$
不存在做梦的人　　$\neg \exists x Fx$

虽说为了不引起歧义要适当使用括号,但将全称命题和存在命题与联言、选言、假言进行结合的时候,还是需要与分析命题逻辑时有所不同的括号使用方法。

例如,设定 Fx 为"x 是相扑力士",Gx 为"x 是体操运动员"。(例子稍微有点儿特别,但为了说明我也想了很多。)这时,下面的两个逻辑公式就会具有不同的意思。(论域设定为人。)

$\exists x Fx \wedge \exists x Gx$:有的人是相扑力士,并且,有的人是体操运动员。
$\exists x (Fx \wedge Gx)$:有的人是相扑力士,并且,是体操运动员。

当然,既存在相扑力士也存在体操运动员,但是,这并不同于存在是相扑力士的体操运动员。虽然也可能有是相扑力士的体操运动员,但那得是相当厉害的人。

问: $\forall x Fx \wedge \forall x Gx$ 与 $\forall x (Fx \wedge Gx)$ 不一样吗?如果全体人

员都是相扑力士,并且,全体人员都是体操运动员,那全体人员就都成了是相扑力士的体操运动员。

答: 的确是这样。$\forall xFx \land \forall xGx \equiv \forall x(Fx \land Gx)$ 是成立的,但是,$\forall xFx \land \forall xGx$ 与 $\forall x(Fx \land Gx)$ 作为逻辑公式并不相同。必须得去证明它们等值。

与讲解命题逻辑时一样,我们把这种用符号表示的表达式叫作"逻辑公式"。并且,就像讲解命题逻辑时已经说过的那样,逻辑公式并非命题,通过具体地加以解释,它才会变成能判断真假的命题。不过,在命题逻辑中,只要将具体命题代入命题符号即可,但在谓词逻辑中,因为有个体常项和谓词符号存在,所以必须对其加以具体解释,此外,还必须考虑到论域。

对谓词逻辑逻辑公式的解释可做如下总结。

① 设定论域。
② 赋予谓词符号(F、G、……)具体意义。
③ 赋予个体常项(a、b、……)具体意义。

例如,我们来思考一下逻辑公式 Fa。赋予这个逻辑公式的谓词符号和个体常项以具体意义,将 Fx 理解为"x 是哲学家",将个体常项 a 理解为"笛卡尔",这时,Fa 就可以解释为"笛卡尔是哲学家"。或者,如果将谓词符号 Fx 理解为"x 是猫",将个体常项 a 理解为"阿杏"(我家的猫),Fa 就可以解释为"阿杏是猫"。像这样,一个逻辑公式可以做各种各样的解释。

再来思考一下逻辑公式 ∀xFx。将谓词符号解释为"x 做梦",并把论域设定为人。这样的话,这个逻辑公式就会被解释为"所有的人都做梦"。或者,如果将谓词符号 Fx 解释为"x 是懒汉",将论域设定为哲学家,∀xFx 就会被解释为"所有的哲学家都是懒汉"。因为已经将论域设定为哲学家,所以,代入个体常项 x 的就只有哲学家,∀xFx 的意思就是"所有的哲学家都是懒汉"。

我想大家或许已经理解得差不多了,但为了加深理解,我们再来思考一下 ∃xFx。如果设定谓词符号 Fx 为"x 是懒汉",论域为哲学家,这个逻辑式就会被解释为"有的哲学家是懒汉"。或者,若是 F 的意义不变,论域设定为人,∃xFx 就会被解释为"有的人是懒汉"。

此外,不特别限定论域也没关系。对于 ∃xFx,倘若设定谓词符号 Fx 为"x 是懒汉",而并不特别限定论域,那 ∃xFx 就会被解释为"存在懒汉"。换一种视角来看,不特别限定论域其实是将所有事物都包含进论域之内,也是采用了更大的论域。

下面来做一下练习。

练习问题 52 设定 a 为"阿杏",b 为"笛卡尔",Fx 为"x 是猫",Gx 为"x 研究哲学",请解释下面的逻辑公式。

(1) Fa

(2) ¬Ga

（3）Ga∨Gb

（4）Fb⊃¬Gb

练习问题 53 设定论域为人，Fx 为"x 研究哲学"，请解释下面的逻辑公式。

（1）∀xFx

（2）¬∀xFx

（3）∀x¬Fx

（4）∃xFx

（5）¬∃xFx

（6）∃x¬Fx

练习问题 54 设定论域为动物，Fx 为"x 在天上飞"，Gx 为"x 在水里游"，请解释下面的逻辑公式。

（1）∃xFx∧∃xGx

（2）∃x（Fx∧Gx）

（3）¬∀xFx⊃∃x¬Fx

练习问题 55 设定论域为人，a 为夏目漱石，Fx 为"x 是哲学家"，Gx 为"x 有胃溃疡"，写出如下解释的逻辑公式。

（1）夏目漱石有胃溃疡。

（2）并非所有的人都是哲学家。

（3）有的人是哲学家，并且，有胃溃疡。

第27章

谓词逻辑的德·摩根定律

在命题逻辑中讲过关于联言和选言的德·摩根定律,而关于全称命题和存在命题也有德·摩根定律。

先来思考一下全称命题 $\forall xFx$ 的否定 $\neg\forall xFx$。

将论域设定为人,Fx 设定为"x 做梦",来思考一下"所有的人都做梦"的否定。其否定形式是"并非(所有的人都做梦)"。如果思考所有的人,大脑会一下子变得模糊不清,所以,请大家先想一想自己周围的人,试着思考"并非这些人全部都做梦"。于是,或许就能够理解"有不做梦的人"。

用逻辑公式来表示,"并非(所有的人都做梦)"是 $\neg\forall xFx$,"有不做梦的人"是 $\exists x\neg Fx$。这两项等值,也就是说,$\neg\forall xFx \equiv \exists x\neg Fx$ 成立,这就是谓词逻辑的德·摩根定律。

谓词逻辑的德·摩根定律还有一条。这次来思考存在命题的否定 ¬∃xFx。

设定论域为人，Fx 为"x 研究哲学"，试着思考一下"有的人研究哲学"的否定。其否定就是"并非（有的人研究哲学）"。这里也思考自己周围的人即可。对于你周围有研究哲学的人这一说法，否定说并非如此。这也就是说，你周围并没有研究哲学的人，那就成了"全体人员都不研究哲学"。用逻辑公式表示就是 ¬∃xFx ≡ ∀x¬Fx。

总结一下。下面就是全称和存在的德·摩根定律。

全称和存在的德·摩根定律

¬∀xFx ≡ ∃x¬Fx

¬∃xFx ≡ ∀x¬Fx

概而言之就是，"全称的否定即否定的存在，存在的否定即否定的全称"。

第28章

所有的哲学家都是懒汉，有的哲学家是懒汉

先来出一些问题，请大家思考一下。不过，这些问题是为了稍后做说明用的，所以也不必太过冥思苦想。如果不明白的话，请直接去读后面的解说。

问题 27 设定论域为人，Fx 为"x 是哲学家"，Gx 是"x 是懒汉"，从下面①～④中选出会被解释为"所有的哲学家都是懒汉"的逻辑公式。

① ∀x（Fx∧Gx）

② ∀x（Fx∨Gx）

③ ∀x（Fx⊃Gx）

④ ∀x（Gx⊃Fx）

问题 27 的解说和解答

①是联言，所以会被解释为"所有的人都是哲学家，并且，是懒汉"。"所有的哲学家都是懒汉"并没有说"所有的人都是哲学家"，所以①不对。

②是选言，所以会被解释为"所有的人都是哲学家，或者是懒汉"，这也与"所有的哲学家都是懒汉"不一样。

"所有的哲学家都是懒汉"意思为"无论对于什么样的人 x，如果那个 x 是哲学家，那 x 就是懒汉"，是假言。并且，因为"如果那个 x 是哲学家"是前件，所以，Fx 要放在前件的位置。因此，Gx 位于前件位置的④不对。④会被解释为"所有的懒汉都是哲学家"。

故而，会被解释为"所有的哲学家都是懒汉"的逻辑公式是③∀x(Fx⊃Gx)。

问题 28 设定论域为人，Fx 为" x 是哲学家"，Gx 是" x 是懒汉"，从①～④中选出会被解释为"有的哲学家是懒汉"的逻辑公式。

① ∃x(Fx∧Gx)

② ∃x(Fx∨Gx)

③ ∃x(Fx⊃Gx)

④ ∃x(Gx⊃Fx)

问题 28 的解说和解答

"有的哲学家是懒汉"是在讲某些人的存在。什么样的人呢？既是哲学家又是懒汉的人。倘若如此，这就是联言，逻辑公式是①∃x(Fx∧Gx)。

再来回顾一遍吧。会被解释为"所有的哲学家都是懒汉"这一全称命题的逻辑公式是∀x(Fx⊃Gx)，会被解释为"有的哲学家是懒汉"这一存在命题的逻辑公式是∃x(Fx∧Gx)。

所有的哲学家都是懒汉　∀x(Fx⊃Gx)
有的哲学家是懒汉　∃x(Fx∧Gx)

虽说如此，也并非不可以制作∀x(Fx∧Gx)和∃x(Fx⊃Gx)之类的逻辑公式。这都是可以成立的逻辑公式。不过，∀x(Fx∧Gx)会被解释为"所有的人都是哲学家，并且，是懒汉"，不能解释为"所有的哲学家都是懒汉"。∃x(Fx⊃Gx)无论怎么解释，意思似乎都不够明确。若是非要解释的话，或许就是"有如果是哲学家就是懒汉的人存在"，意思有点儿令人费解。如果设定论域为人，Fx为"x有空"，Gx为"x去游玩"，继而将该逻辑公式解释为"有的人一有空就去游玩"的话，意思还能稍微讲得通。

练习问题 56　设定论域为动物，Fx为"x是乌龟"，Gx为"x走得快"，解释下面的逻辑公式。

（1）∀x(Fx⊃Gx)

（2）∀x(Fx⊃¬Gx)

（3）¬∀x(Fx⊃Gx)

（4）∃x(Fx∧Gx)

（5）∃x(Fx∧¬Gx)

（6）¬∃x(Fx∧Gx)

练习问题 57 设定论域为人，Fx 为 "x 是学生"，Gx 为 "x 及格了"，写出如下解释的逻辑公式。

（1）所有的学生都及格了。

（2）并非所有的学生都及格了。

（3）有及格的学生。

（4）有不及格的学生。

改变一下论域设定方式会怎样呢？通过问题来看一下吧。

问题 29 设定论域为学生，Gx 为 "x 及格了"，写出如下解释的逻辑公式。

（1）所有的学生都及格了。

（2）有及格的学生。

在练习问题 57 中，论域是人，然而，在问题 29 中，论域是学生，意思就是，代入个体变项的内容已经限定为学生，不必再特意说 "x 是学生"。所以，在问题 29 中，谓词 Fx "x 是学生" 被省略掉，只剩下 Gx "x 及格了"。如此一来，问题 29 的答案如下。

问题 29 的解答 （1）∀xGx（2）∃xGx

问： 若是如此，在练习问题 57 中设定论域为人还有什么意义吗？（1）～（4）中也并没有特别出现"是人"的限定吧。如果是这样的话，（1）是"所有的学生都及格了"，这里设定论域为人，但即使不特别设定论域也会被这样解释的逻辑公式是 ∀x(Fx⊃Gx)，这与设定论域时的逻辑公式不是一样吗？

答： 是的，确实如此。在练习问题 57 中，也可以不特别限定论域。论域并不是必须加以限定。

第29章

有 效 式

命题逻辑中出现了恒真式,谓词逻辑中与之相对应的被称为"有效式"。在对此进行说明之前,先来思考一个话题。

29.1 如果否定"有的哲学家是懒汉"会怎样

否定"有的哲学家是懒汉",不能简单地说"我是哲学家,但我绝不是懒汉"之类的话。因为"有的哲学家是懒汉"是说存在懒汉哲学家,现在是想要否定它,所以必须说"所有的哲学家都不是懒汉"。可用逻辑公式表示如下。

$$\neg \exists x(Fx \wedge Gx) \equiv \forall x(Fx \supset \neg Gx)$$

不过，用逻辑公式写出来的话，或许还不太能一目了然地看出 ¬∃x(Fx∧Gx) 和 ∀x(Fx⊃¬Gx) 等值。适当证明（并非严格意义上的证明）一下。

在命题逻辑中会用真值表做下列表示。来做一下练习吧。

问题 30　用真值表表示 ¬(P∧Q) ≡ P⊃¬Q。

问题 30 的解答稍后给出。现在先设定这能够表示出来。

如果使用全称和存在的德·摩根定律，就可以做如下说明。

¬∃x(Fx∧Gx) ≡ ∀x¬(Fx∧Gx)　①

根据问题 30，对于①右边的 ¬(Fx∧Gx)，可以说：

¬(Fx∧Gx) ≡ Fx⊃¬Gx　②

如果运用②，将①的 ¬(Fx∧Gx) 这一部分置换成 Fx⊃¬Gx 的话，①就会变成：

∀x¬(Fx∧Gx) ≡ ∀x(Fx⊃¬Gx)　③

如果运用③，将①的右边 ∀x¬(Fx∧Gx) 置换成 ∀x(Fx⊃¬Gx) 的话，①就会变成：

¬∃x(Fx∧Gx) ≡ ∀x(Fx⊃¬Gx)　④

问：　命题逻辑中都可以用真值表来表示，谓词逻辑中不能这么做吗？

答：　不能。

问： 那该怎么做呢？

答： 这个问题接下来会慢慢讲。

问题 30 的解答　见表 29-1。

表　29-1

P	Q	P∧Q	¬(P∧Q)	¬Q	P⊃¬Q	¬(P∧Q) ≡ P⊃¬Q
1	1	1	0	0	0	1
1	0	0	1	1	1	1
0	1	0	1	0	1	1
0	0	0	1	1	1	1

29.2　怎么解释都为真的逻辑公式

之前已经反复说过好几次了，逻辑公式只有在解释为具体意思之后才能判断真假。命题逻辑中，解释就是将命题符号换成具体命题，但谓词逻辑中要更麻烦一些，后面的①～③就是谓词逻辑中解释逻辑公式所要做的：①设定论域；②赋予谓词符号（F、G、……）具体意义；③赋予个体常项（a、b、……）具体意义。

下面通过具体问题来确认一下逻辑公式的真假会根据解释发生变化。

练习问题 58　请回答对于逻辑公式 $\forall x(Fx \supset Gx)$，分别以下列（1）和（2）这样的方式解释时，其结果是真还是假。

（1）设定论域为动物，Fx 为"x 是鸟"，Gx 为"x 在天上飞"。

（2）设定论域为动物，Fx 为"x 是鸟"，Gx 为"x 是卵生"。

练习问题 59 请回答对于逻辑公式 $\exists x(Fx \wedge Gx)$，分别以下列（1）和（2）这样的方式解释时，其结果是真还是假。

（1）设定论域为人，Fx 为"x 是日本人"，Gx 为"x 结婚"。

（2）设定论域为人，Fx 为"x 独身"，Gx 为"x 结婚"。

不过，就像命题逻辑中的恒真式是怎么解释都为真的逻辑公式一样，谓词逻辑中也有不管怎么解释都势必为真的逻辑公式。谓词逻辑中将这样的逻辑公式叫作"**有效式**"。谓词逻辑包含命题逻辑，所以，也可以将恒真式认为是有效式的一种。很抱歉又增加用语了，但恒真式是命题逻辑特有的用语，请大家记住更加普遍的叫法是有效式。

第一篇第 12 章中的例 23～例 27 用日常语言确认了基于"所有"和"有的"而成立的演绎。我们可以据此制作出谓词逻辑的有效式。来试一试吧。例 23 稍后会作为练习问题请大家来做一下。

例 24 一年级学生全都及格了。礼文君没及格。

所以，礼文君不是一年级学生。

设定 Fx 为 "x 是一年级学生"，Gx 为 "x 及格了"，设定个体常项 a 为礼文君。如此一来，能够像例 24 那样解释的演绎就可表示如下。

∀x(Fx⊃Gx)。¬Ga。所以，¬Fa。

这里请大家回忆一下 23.2 节中讲述的演绎与恒真式的关系。记不起来的人请去复习一下。因为由两个前提推导出结论的演绎说的是两个前提皆为真时结论亦为真，所以会被用假言逻辑公式进行表示，其中，前件是用联言连接前提的逻辑公式，后件是结论。用语言说明反而难懂了，也就是如下所示。

"A。B。所以，C"作为演绎正确。
⇕
(A∧B)⊃C 是恒真式。

据此，例 24 的演绎可用下面的逻辑公式进行表示。

(∀x(Fx⊃Gx)∧¬Ga)⊃¬Fa

例 25　轻型卡车的发动机总排气量都在 660cc 以下。三轮卡车的发动机总排气量都超过 660cc。
所以，三轮卡车不是轻型卡车。

设定 Fx 为 "x 是轻型卡车"，Gx 为 "x 发动机总排气量都在 660cc 以下"，Hx 为" x 是三轮卡车"。如此一来，能够像例 25 那样解释的演绎就可表示如下。

$\forall x(Fx \supset Gx)$。$\forall x(Hx \supset \neg Gx)$。所以，$\forall x(Hx \supset \neg Fx)$。

如果将此用一个逻辑公式来表示，可表示如下。

$(\forall x(Fx \supset Gx) \land \forall x(Hx \supset \neg Gx)) \supset \forall x(Hx \supset \neg Fx)$

例 26 一年级学生全都及格了。这个班里有一年级学生。所以，这个班里有及格的学生。

设定 Fx 为" x 是一年级学生"，Gx 为" x 及格了"，Hx 为" x 是这个班里的学生"。如此一来，能够像例 26 那样解释的演绎就可表示如下。

$\forall x(Fx \supset Gx)$。$\exists x(Hx \land Fx)$。所以，$\exists x(Hx \land Gx)$。

如果将此用一个逻辑公式来表示，可表示如下。

$(\forall x(Fx \supset Gx) \land \exists x(Hx \land Fx)) \supset \exists x(Hx \land Gx)$

例 27 一年级学生全都及格了。这个班里有不及格的学生。所以，这个班里的学生有不是一年级的。

设定 Fx 为" x 是一年级学生"，Gx 为" x 及格了"，

Hx 为"x 是这个班里的学生"。如此一来，能够像例 27 那样解释的演绎就可表示如下。

∀x(Fx⊃Gx)。∃x(Hx∧¬Gx)。所以，∃x(Hx∧¬Fx)。

如果将此用一个逻辑公式来表示，可表示如下。

(∀x(Fx⊃Gx)∧∃x(Hx∧¬Gx))⊃∃x(Hx∧¬Fx)

用剩下的例 23 来出一道练习题吧。

练习问题 60　用一个逻辑公式来表示下面的推理。设定"x 是一年级学生"为 Fx，"x 及格了"为 Gx，罗臼君为个体常项 a。论域不做特别限定。

一年级学生全都及格了。罗臼君是一年级学生。
所以，罗臼君及格了。

基于例 23 ～例 27 中的演绎所写的这些逻辑公式全都是有效式，也就是怎么解释都为真的逻辑公式。

德·摩根定律 ¬∀xFx ≡ ∃x¬Fx 和 ¬∃xFx ≡ ∀x¬Fx 当然也是有效式。

✧ **重点用语**

有效式：不管怎么解释都势必为真的逻辑公式。

29.3 如何表示是否为有效式

在命题逻辑中，是否为恒真式可以用真值表进行考查。但是，这是因为我们所分析的标准式命题逻辑具有一定的特征性和特殊性。命题逻辑通过命题单位进行形式化，所以，逻辑公式往往会通过将具体命题代入其包含的命题符号来进行解释。并且，我们所分析的命题逻辑采用"命题是真和假中的一种"的二值原理，因此，代入命题符号的命题是真和假中的一种。故而，如果能够表明不论代入命题符号的命题是真还是假，逻辑公式整体都恒为真，那就代表该逻辑公式是恒真式。

于是便出现了真值表。真值表是制作出一览表，以便考查在所给逻辑公式的命题符号中分别代入真（1）命题和假（0）命题时逻辑公式整体是真还是假。因此，最后的逻辑公式那一列如果都是真（1），那就说明其是恒真式。

不过，这种十分方便的做法只适用于采用二值原理的命题逻辑。我们所分析的谓词逻辑也是标准式的，所以，也采用二值原理，即命题是真和假中的一种，并不考虑真假不定之类的情况。但是，解释却不能像分析命题逻辑时那样仅仅将具体命题代入命题符号，必须设定论域，并解释谓词符号和个体常项。所以，我们不能将真值表用于谓词逻辑。

那要怎么做呢？只能想办法逐一证明。不是有效式的比较容易证明，只要展示出会令逻辑公式为假的解释就可以了。来做一道题吧。

问题 31 证明 $\forall x(Fx \lor Gx) \supset (\forall xFx \lor \forall xGx)$ 不是有效式。

　　只要展示出令这个逻辑公式为假的解释就可以了。有效式是不管怎么解释都势必为真的逻辑公式，所以，即使只有一种会令其为假的解释，那也说明该逻辑公式不是有效式。

　　能够想出各种各样的解释。先答出一例吧。

问题 31 的解答例　　设定论域为自然数。Fx 为"x 是奇数"，Gx 为"x 是偶数"。这时，所给逻辑公式的前件便成了"所有的自然数都是奇数或者偶数"，为真。但是，后件就成了"所有的自然数都是奇数，或者，所有的自然数都是偶数"，为假。前件为真，后件为假，因此，所给逻辑公式整体便为假。因为存在会令其为假的解释，所以，所给逻辑公式并非有效式。

　　或者，也可以设定论域为动物，Fx 为"x 是脊椎动物"，Gx 为"x 是无脊椎动物"。如果这样设定，所给逻辑公式的前件就会成为"所有的动物都是脊椎动物或无脊椎动物中的一种"，为真，而后件则会成为"所有的动物都是脊椎动物，或者，所有的动物都是无脊椎动物"，为假。所以，被解释的假言命题整体为假。

　　怎么样？再来做一道题吧？

练习问题 61 证明（∃xFx∧∃xGx）⊃ ∃x（Fx∨Gx）不是有效式。

可是，证明一个逻辑公式是有效式却并不简单。因为必须证明其怎么解释都会为真，并且，我们当然不可能将所有的解释都尝试一遍。

因此，公理系统这一处理方式就变得非常重要。不过，在讲这之前，再进一步探索一下谓词逻辑，讲讲全称量化算子和存在量化算子相结合的情况。

第 30 章

多重量化

此前只分析了"x 是哲学家""x 是懒汉"这种形式的谓词,除此之外,还有其他形式的谓词。诸如"x 喜欢 y""x 是 y 的父/母"之类表示两个对象之间关系的谓词一般被称为**"关系谓词"**。

关系谓词往往会被符号化为 Fxy、Gxy、……。

设定论域为人,思考一下"x 爱 y(y 被 x 爱)"这一谓词。这种情况下,我们可以分别将 x 和 y 加以量化。例如,如果将 x 和 y 都加以全称量化,就会成为"所有的人都爱所有的人"。或者,也可以将 x 加以全称量化,将 y 加以存在量化。此时就必须注意"任何人都有爱的人"和"有所有人都爱的人"之间的区别。可能有很多人觉得第一篇 14.1 节"将全称和存在相结合这类命题的意义"的内容很难理解。就我看来,这部分内容还是用符号书写更容易理解。

设定论域为人，Fxy 为 "x 爱 y"。将这里的 x 加以全称量化，于是就会如下所示。

∀xFxy

因为论域是人，所以，∀x 表示 "所有的人"，该逻辑公式就解释为 "所有的人都爱 y"。希望大家注意的是，这里仍然留有个体变项 y。这也就意味着我们还可以进一步将这里的 y 加以全称量化或者存在量化。

存在量化后如下所示。

∃y(∀xFxy)

只要不引起歧义，括号就可以去掉。

∃y∀xFxy

这是将 "所有的人都爱 y" 中的 y 进行了存在量化，所以就是 "所有的人都爱 y，有那样的 y 存在"，可以解释为 "有所有人都爱的人"。像这样，把全称量化和存在量化进行叠加，我们称之为"**多重量化**"。

应该注意的是，要区分 ∃y∀xFxy 和 ∀x∃yFxy。∀x∃yFxy 是先用 ∃y 将 Fxy 加以存在量化，再用 ∀x 加以全称量化。按照这个顺序来思考一下吧。用 ∃y 将 Fxy 加以存在量化如下所示。

∃yFxy

∃y 表示"有的人存在"，∃yFxy 就可以解释为"x 有爱的人"。这里 x 留作个体变项。接下来将 x 加以全称量化。

∀x∃yFxy

这就是说"对于所有的 x，x 有爱的人"，可以解释为"所有的人都有爱的人"。

对于初学者来说，可能还是加上括号更容易理解吧。结合 ∃y∀xFxy 和 ∀x∃yFxy 的比较再来说明一下。

∃y∀xFxy
= ∃y（∀xFxy）
= 存在 y，∀xFxy
= 存在 y，所有的人都爱 y
= 有所有的人都爱的人

∀x∃yFxy
= ∀x（∃yFxy）
= 对于所有的 x，x 有爱的人
= 所有的人都有爱的人

∀x∃yFxy 和 ∀y∃xFxy 有什么区别呢？来做一道题吧。

问题 32　设定论域为人，Fxy 为"x 爱 y"，请解释逻辑公式 ∀y∃xFxy。

依次去理解一下吧。加上括号会更容易看明白。

∀y(∃xFxy)

这里先用 ∃x 将 Fxy 存在量化为 ∃xFxy，再用 ∀y 加以全称量化。

先来解释括号中 ∃xFxy 的意思。Fxy 是"x 爱 y"的意思，所以，∃xFxy 的意思就是"有爱 y 的人"。

接下来加以全称量化。全称量化后就会成为"对于所有的 y，有爱 y 的人"。因此，∀y(∃xFxy) 被解释为"所有的人，都有爱自己的人"。但是，用"被爱"这样的被动态似乎更符号日语表达习惯，所以，解答就用被动态形式吧。

问题 32 的解答　所有的人都被他人爱。

∀x∃yFxy 是说"所有的人都有爱的人"，∀y∃xFxy 是说"所有的人都被他人爱"。

问：哎呀，有些难啊！能讲得更易懂一些吗？

答：用稍微不同的方式来说明一下吧。可能会有人觉得这种说明方式更易懂一些。

从外侧开始解读∀y∃xFxy。

最外侧是∀y，所以，这个逻辑公式是说"对于所有的 y，某种情况成立"。

那么，对于所有的 y，什么成立呢？∃xFxy 成立。

∃xFxy 是说"存在 x，Fxy"，Fxy 是"x 爱 y"，所以，这就成了"存在 x，x 爱 y"，也就是说"有爱 y 的人"。

这对于所有的 y 成立，所以就成了"对于所有的 y，有爱 y 的人"，也就是"对于所有的人，都有爱自己的人"。

以后再沉下心来依次好好看看吧。

练习问题 62 设定论域为人，Fxy 为" x 爱 y"，请解释逻辑公式∃x∀yFxy。

问： ∃y∀xFxy、∀x∃yFxy、∃x∀yFxy、∀y∃xFxy 会分别被解释为不同的意思，虽然还不太能说清楚其中的区别，但大体已经明白了。

我想问的是∀x∀yFxy 和∀y∀xFxy。这两个逻辑公式的意思一样吗？还是不一样呢？

答： 这是两个不同的逻辑公式，但却等值。∃x∃yFxy 和∃y∃xFxy 也等值。在将两个全称量化算子或两个存在量化算子叠加在一起这样的同类量化算子叠加的情况下，更换量化顺序后得到的逻辑公式与原逻辑公式是等值的。但是，在将全称量化算子和存在量化算子相叠加的情况下，更换量化顺序后得到的逻辑公式与原逻辑公式不等值。所以，∃y∀xFxy 和 ∀x∃yFxy 并不等值。

不过，∀x∀yFxy ≡ ∀y∀xFxy 和 ∃x∃yFxy ≡ ∃y∃xFxy 必须加以证明，其证明这里省略了。

练习问题 63　设定论域为人，Fxy 为"x 给 y 寄了信"，请解释下面的逻辑公式。

（1）∃x∀yFxy

（2）∃y∀xFxy

我们可以将德·摩根定律运用于多重量化命题。只要依此运用全称和存在的德·摩根定律就可以了，所以比较容易操作。来做一下练习吧。

问题 33　从①～④中选出与 ¬∀x∃yFxy 等值的逻辑公式。

① ∀x∀y¬Fxy

② ∀x∃y¬Fxy

③ ∃x∀y¬Fxy

④ ∃x∃y¬Fxy

请大家回忆一下"全称的否定即否定的存在，存在的否定即否定的全称"这句话。¬∀x ☐ 即 ∃x¬ ☐ ，所以，¬∀x∃yFxy 与 ∃x¬∃yFxy 等值。进一步将德·摩根定律运用于 ¬∃yFxy 的话，则 ¬∃yFxy 与 ∀y¬Fxy 等值。将这些结合起来就能明白，¬∀x∃yFxy 与 ∃x∀y¬Fxy 等值。

例如，设定论域为人，Fxy 为"x 爱 y"，¬∀x∃yFxy 就会被解释为"并非（所有的人都有爱的人）"，而 ∃x∀y¬Fxy 则会被解释为"有不爱所有人的人"。比起日常语言，还是用符号思考起来更轻松吧？

问题 33 的解答 ③

练习问题 64 从①～④中选出与 ¬∃x∀yFxy 等值的逻辑公式。

① ∀x∀y¬Fxy

② ∀x∃y¬Fxy

③ ∃x∀y¬Fxy

④ ∃x∃y¬Fxy

下面做一下解释包含否定的多重量化逻辑公式的练习吧。

问题 34 设定论域为人，Fxy 为"x 是 y 的父／母"，请解释下列逻辑公式，并判断相应命题的真假。

（1）∀x∀y¬Fxy

（2）∃x∃y¬Fxy

（3）∀x¬∀yFxy

（4）∃x¬∃yFxy

不是太明白的人请看一下练习问题 65 后面的问题 34 的解说和解答。已经弄明白的人请直接进入练习问题。

第30章 多重量化

练习问题 65 设定论域为自然数，Fxy 为 "x 比 y 大（y 比 x 小）"，请解释下列逻辑公式，并判断相应命题的真假。

（1）∀y∃xFxy

（2）∀x∃yFxy

（3）¬∃x∀yFxy

（4）∃x¬∃yFxy

问题 34 的解说和解答

（1）是 ∀x(∀y¬Fxy)，所以可以理解为 "∀x（x 对于所有的 y 都处于（x 不是 y 的父/母）这一关系中）"，也就是 "∀x（x 不是任何人的父/母）"。

因为 "x 不是任何人的父/母，所有的 x 都是如此"，所以（1）可以解释为 "所有的人都不是任何人的父/母"。

总会有一些人处于亲子关系之中，所以，该命题为假。

（2）是 ∃x(∃y¬Fxy)，所以可以理解为 "∃x（x 对于有的 y 处于（x 不是 y 的父/母）这一关系中）"，也就是 "∃x（x 不是某人的父/母）"。

因为 "x 不是某人的父/母，有那样的 x 存在"，所以（2）可以解释为 "有的人不是某人的父/母"。

随便举个例子就可以得知这个命题的真假，例如，德川家康不是夏目漱石的父亲，所以，该命题为真。

（3）是 ∀x(¬∀yFxy)，所以可以理解为 "∀x（并非 x 是所有人的父/母）"，也就是，该逻辑公式可以解释为 "任何人并非是所有人的父/母"。（请注意与（1）"所有人都不是任何人的父／母"之间的不同。）没有人是所有人的父／母，所以该命题为真。

（4）是∃x（¬∃yFxy），所以可以理解为"∃x（不存在 x 是父／母的人）"。也就是，该逻辑公式可以解释为"有不是任何人父／母的人"。

比如我就没有孩子，所以不是任何人的父／母。因此，该命题为真。

或许还有人不能很好地解释多重量化的逻辑公式，但是，先就这样吧。我们的目标也并非熟练地完成这样的事情。只要大家可以感受到谓词逻辑的逻辑公式具有极强的表现力就够了。

关于解释谓词逻辑的逻辑公式这一话题，最后再解释一个稍微复杂的逻辑公式。并不是想要大家能够解释或者写出这种逻辑公式，而是希望大家了解涉及多重量化的谓词逻辑的表现力。所以，能够解释自然很好，但如果看着解说和解答能够理解的话，那也足够了。

问题 35　设定论域为某个大学的全体教师和学生，Fx 为"x 是教师"，Gx 为"x 是学生"，Hxy 为"x 给了 y 不及格"，请解释下列逻辑公式。

（1）∀x（Fx⊃∃y（Gy∧Hxy））
（2）∃x（Fx∧∀y（Gy⊃Hxy））

问：这里设定 Gx 为"x 是学生"，但是，在随后出现的逻

辑公式 ∀x（Fx⊃∃y（Gy∧Hxy））中却成了 Gy。这是怎么回事呢？

答：呀，是啊。是我说明得不够充分。抱歉啊。Gx 是"x 是学生"，Gy 是"y 是学生"，x 和 y 只不过是要代入某个人的空白栏，Gx 和 Gy 都表示"……是学生"这一谓词。如果将 Gx 加以存在量化变成 ∃xGx，就会成为"有的人是学生"，而将 Gy 加以存在量化变成 ∃xGy，也会成为"有的人是学生"，其实是一回事。

现在来思考一下问题 35。大家还记得我们在第 28 章分析过会分别被解释为"所有的哲学家都是懒汉"和"有的哲学家是懒汉"的逻辑公式吗？设定论域为人，Fx 为"x 是哲学家"，Gx 为"x 是懒汉"，"所有的哲学家都是懒汉"就可以理解为"对于所有的 x，如果 x 是哲学家，那么 x 就是懒汉"，会被这么解释的逻辑公式如下。

∀x（Fx⊃Gx）

此外，由于"有的哲学家是懒汉"可以理解为"存在 x，x 是哲学家，并且，x 是懒汉"，所以，会被这么解释的逻辑公式如下。

∃x（Fx∧Gx）

于是，（1）中的 ∀x（Fx⊃∃y（Gy∧Hxy））就可以理

解为"对于所有的 x，如果 x 是教师，则存在 y，y 是学生，并且，教师 x 给了 y 不及格"。

（2）中的 $\exists x(Fx \wedge \forall y(Gy \supset Hxy))$ 可以理解为"存在 x，x 是教师，并且，x 给了所有的学生不及格"。

问题 35 的解答

（1）任何教师都给有的学生不及格。

（2）有的教师给了所有学生不及格。

公理系统

有效式是无论怎么解释都势必为真的逻辑公式。

真假会因解释方式发生变化的逻辑公式不是有效式。例如，∀x∃yFxy 这个逻辑公式，如果设定论域为人，Fxy 为"x 是 y 的孩子"，该逻辑公式就会被解释为"所有的人都是谁的孩子"，为真，但如果设定 Fxy 为"x 是 y 的父/母"，该逻辑公式就会被解释为"所有的人都是某人的父/母"，为假。

与此相对，29.2 节中所示有效式的例子则无论怎么解释都为真。全称和存在的德·摩根定律也是有效式，同时，如果借助运用了多重量化的逻辑公式来讲的话，下面的逻辑公式也是有效式。

∃x∀yFxy⊃∀y∃xFxy

但是，我们在 29.3 节中也已经讲过了，证明有的逻辑公式无论怎么解释都为真并不简单。证明其在一两种解释下为真还完全不够。

在命题逻辑中，有效式被称为恒真式，而我们可以运用真值表去判断一个逻辑公式是否为恒真式。但是，能够这么做是因为我们所研究的命题逻辑公式是采用"命题是真和假中的一种"这个二值原理的标准式命题逻辑。

因此，"公理系统"这一方法被采用。

接下来说明一下公理系统，希望大家明白公理系统是怎么回事。我就以命题逻辑（我们所研究的标准式命题逻辑）为例来说明一下公理系统。说明谓词逻辑的公理系统相当费劲，可能还是用命题逻辑加以说明更容易理解一些。并且，希望大家理解的是公理系统的思维方式，因此，只要大家能够通过命题逻辑理解公理系统，本书的目标就达成了。

31.1　公理和定理

命题逻辑的有效式被称为恒真式，但这里的目标是以命题逻辑为例对公理系统进行一般化理解，所以暂不称其为恒真式，而是称作有效式。不过，因为分析的是命题逻辑，所以，说是有效式的也理解为恒真式（恒为真的逻辑公式）就可以了。

命题逻辑的有效式有无限个。这一点通过简单思考一下下列有效式就能明白。

P⊃¬¬P
P⊃¬¬¬¬P
P⊃¬¬¬¬¬¬P
……

"P⊃¬¬P"是双重否定律，区别于"¬¬P⊃P"，它增加了2个否定，所以称其为"双重否定引入规则"。（顺便说一下，"¬¬P⊃P"被称为"双重否定除去规则"。）否定的引入，不仅仅是双重否定，只要进行偶数次否定就会等于肯定，所以，四重否定引入规则自不必说，就算是百万重否定引入规则甚至一亿重否定引入规则也成立，无限个都成立。

大家是不是觉得即使不特别将这些全都一一列出，仅仅考查双重否定的情况，就可以对其他情况依此类推呢？是的，这就是公理系统的基本思维方式。

来确认一下下面两个。

① A⊃¬¬A。
② 可以由 A⊃B 和 B⊃C 推导出 A⊃C。

像①那种作为出发点的逻辑公式叫作"**公理**"，②那样的逻辑公式则叫作"**推理规则**"。（具体定义稍后展示。）

之所以不用 P、Q，而是使用 A、B，是因为希望在 A 这里代入各种各样的逻辑公式，而不仅仅是 P。例如，在①中的 A 处代入 ¬¬P 的话，则下列逻辑公式成立。

¬¬P⊃¬¬¬¬P

公理①也意味着该逻辑公式成立。也就是说，可以在①和②中的 A、B、C 处代入任意逻辑公式。不过，在同一字母处，请代入同一个逻辑公式。

问：请稍等一下。公理①中的 A⊃¬¬A 并不仅仅是 P⊃¬¬P 这一逻辑公式，如果将 ¬¬P 代入 A，则成为 ¬¬P⊃¬¬¬¬P，而若是将 ¬¬¬¬P 代入 A，则成为 ¬¬¬¬P⊃¬¬¬¬¬¬P。A⊃¬¬A 是表示所有这种逻辑公式吗？我有点儿不明白了，A⊃¬¬A 是一个逻辑公式还是多个逻辑公式？

答：A⊃¬¬A 表示一种逻辑公式类型。说 A⊃¬¬A 是公理，意思是，只要是具有这种形式的逻辑公式，就可以作为证明的出发点。此外，具有 A⊃¬¬A 这一形式的逻辑公式有 P⊃¬¬P 和 ¬¬P⊃¬¬¬¬P 等很多。

如果使用公理①和推理规则②，任何重否定引入规则都可以推导出。作为例子，我们来推导一下四重否定引入规则 P⊃¬¬¬¬P。

首先，在①中的 A 处代入 P，就可以得到 P⊃¬¬P。
其次，在①中的 A 处代入 ¬¬P，就可以得到 ¬¬P⊃

¬¬¬¬P。

最后，使用推理规则②就可以由上面的 P⊃¬¬P 和 ¬¬P⊃¬¬¬¬P 推导出 P⊃¬¬¬¬P。

（证明完成）

证明的最后一行就是在推理规则②"可以由 A⊃B 和 B⊃C 推导出 A⊃C"的 A、B、C 处分别填入了 P、¬¬P、¬¬¬¬P。

问： 这证明的是什么呢？说的是什么呀？刚刚你不是说要证明一下四重否定引入规则是有效式吗？上面的证明能说明四重否定引入规则是有效式吗？

答： 不能，我说的是"来确认一下下面两个"。下面两个是指①和②。也就是说，倘若认可①和②，就能证明四重否定引入规则可以据此推导出。仅仅上面这样还并未证明四重否定律是有效式。

好好来说明一下吧。

很好地掌握这一点是理解公理系统思维方式最重要的地方。

根据公理和推理规则推导出的逻辑公式叫作"**定理**"，而根据公理和推理规则来推导定理就是"**证明**"。

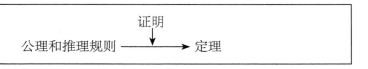

如果用刚才的例子来讲，根据"A⊃¬¬A"这一公理和"可以由A⊃B和B⊃C推导出A⊃C"这一推理规则推导出"P⊃¬¬¬¬P"，这一推导过程被称为"证明"，推导出的四重否定引入规则就是"定理"。

我们把用这种公理和推理规则推导出定理的系统叫作**"公理系统"**。

> ☆ **重点用语**
>
> 公理：作为出发点的逻辑公式。
>
> 推理规则：可以由几个逻辑公式推导出某个逻辑公式的规则。
>
> 定理：用公理和推理规则推导出的逻辑公式。
>
> 公理系统：用公理和推理规则推导出定理的系统。

问： 定理是指有效式吗？

答： 还不能证明这一点，再稍加说明吧。

来思考一下四重否定引入规则。已经证明的是由公理①和推理规则②可以推导出 P⊃¬¬¬¬P。要证明 P⊃¬¬¬¬P 是有效式，还必须证明以下两点。

（1）公理是有效式。

（2）推理规则是根据有效式推导出有效式的规则。

倘若（1）和（2）得以证明，那设定公理①中的 A 为 P

得到的 P⊃¬¬P 和设定 A 为 ¬¬P 得到的 ¬¬P⊃¬¬¬¬P 就都是有效式。并且，如果这两个都是有效式，根据（2）和推理规则②推导出的 P⊃¬¬¬¬P 就是有效式。

问： 稍等一下。进度太快，跟不上啊。所谓定理，就是用公理和推理规则推导出的逻辑公式吧。你还说如果公理是有效式，并且，推理规则是根据有效式推导出有效式的规则，则用公理和推理规则推导出的定理就是有效式。

也就是说，父亲是帅哥，如果帅遗传的话，儿子也会是帅哥，孙子也会是帅哥，子子孙孙都会是帅哥，是这样吗？

答： 是的。这个帅哥的比喻虽然有点儿不太合适，但差不多就是这种感觉。

因此，由公理和推理规则推导出的首先可以理解为"定理"。我们当然希望定理就是有效式，但仅仅证明一个逻辑公式是定理还不能说明该定理就是有效式。就像刚才说过的那样，要想证明定理是有效式，还需要证明公理是有效式，并且，推理规则是根据有效式推导出有效式的规则。

当某个公理系统的定理全都是有效式的时候，不是有效式的异常逻辑公式就不会成为定理，这种公理系统就被说是"**可靠**"。

再重复一遍。有效式是无论怎么解释都为真的逻辑公式。逻辑学研究的就是这种有效式。但是，证明无论怎么解释都为真比较困难。所以，我们创制出作为出发点的逻辑公式类型为公理，并结合决定依据相关公理能推导出什么的推理规则来推导定理的系统，也就是公理系统。但是，还必须证明定理是有效式。

> ✿ 重点用语
>
> 　　公理系统的可靠性：某个公理系统的定理全都是有效式。

问： 这就是说，只要创制出命题逻辑的可靠的系统就可以吧？

答： 不，这就想得太简单了，还远远不够。

　　来思考一下由前面的公理①和推理规则②组成的公理系统。

公理系统 DNI

公理 1：A⊃¬¬A。

推理规则：可以由 A⊃B 和 B⊃C 推导出 A⊃C。

问： DNI 是什么呀？

答： 是我自己给它起的名字，就是"Double Negation Introduction"（双重否定引入）的首字母，请不要介意。

　　公理 1 是有效式（恒真式）可以用真值表加以证明。

关于推理规则，也可以用真值表证明 A⊃B 和 B⊃C 都为真时 A⊃C 也为真。并且，这意味着如果 A⊃B 和 B⊃C 皆为有效式（恒为真），则 A⊃C 也为有效式（恒为真）。也就是说，公理系统 DNI 是可靠的公理系统。

但是，在这种公理系统中，只能证明偶数次的否定等于肯定。恐怕仅凭借这一点还不足以称其为命题逻辑的公理系统。最为理想的是命题逻辑的所有有效式都是定理的公理系统。

问：这就是所谓的可靠吧？

答：不，不是这样的。

问：可靠性是指"定理全都是有效式"吗？啊，明白了……

答：注意到了吧。

可靠性是指"定理全都是有效式"，与此相对，刚刚讲的是"有效式全都是定理"。两者之间是相反的关系，所以必须要加以区分。

当有效式全都是定理的时候，该公理系统便被说是**"完全"**。

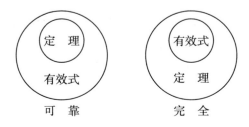

仅仅说"可靠"的时候，即使定理全都是有效式，也可能还会有不是定理的有效式。同样，仅仅说"完全"的时候，虽然有效式全都是定理，但不是有效式的也可能是定理。公理系统要求这两点都具备。也就是说，有效式一定是定理，定理一定是有效式。当定理和有效式一致时，公理系统就被说是"可靠且完全"。

问： 请稍等一下。命题逻辑的公理系统当然不会使谓词逻辑的有效式成为定理。也就是说，只要命题逻辑的公理系统停留于命题逻辑，那就怎样都不会完全吗？

答： 哦，这个问题更难了。哎呀，该怎么回答呢？

　　我们研究的一直是采用二值原理的标准式命题逻辑。这种标准式命题逻辑中，存在无限个有效式。用有限个公理和推理规则恰当把握无限个有效式，这就是命题逻辑公理系统的目标。所以，针对谓词逻辑创制出谓词逻辑的公理系统，将谓词逻辑的有效式全都作为定理推导出来，这就叫公理系统的完全性。

　　像这样，完全性是一个根据相应逻辑如何而定的概念。命题逻辑的公理系统在命题逻辑的有效式（恒真式）全都是定理时被说是完全。谓词逻辑的公理系统在谓词逻辑的有效式全都是定理时被说是完全。不过，或许暂且可以规定"有效式全都是定理"。

> ✧ **重点用语**
>
> 公理系统的完全性：有效式全都是相应公理系统的定理。

在标准式命题逻辑中，因为恒真式就是有效式，所以，其完全性可规定如下。

> 标准式命题逻辑公理系统的完全性：恒真式全都是相应公理系统的定理。

前面展示的公理系统 DNI 虽然可靠，但却是不完全的公理系统。

31.2 命题逻辑的公理系统

针对标准式命题逻辑，可以制作出各种各样可靠且完全的公理系统。来举一个具体例子吧。

> **公理系统 PL**
>
> 公理 1：(A∨A)⊃A。
> 公理 2：A⊃(A∨B)。
> 公理 3：(A∨B)⊃(B∨A)。
> 公理 4：(A⊃B)⊃((A∨C)⊃(B∨C))。
> 推理规则：可以由 A 和 A⊃B 推导出 B。

> 定义 1：A∧B 是 ¬(¬A∨¬B) 的略记。
> 定义 2：A⊃B 是 ¬A∨B 的略记。

"PL"是"命题逻辑"的英语"propositional logic"的首字母，是我自己起的名字（当然，这个公理系统并不是我自己创制的）。或许有人看了这个公理系统会觉得不太理解。

公理 1～4 是证明定理的出发点。我们还会用这些公理和推理规则去证明定理。

定义 1 说的是"¬(¬A∨¬B) 可以替换成 A∧B，A∧B 也可以替换成 ¬(¬A∨¬B)"，定义的是 ¬、∧、∨ 之间的关系。定义 2 也是一样，定义的是 ¬、∨、⊃ 之间的关系。定义 1 和定义 2 中引入了 ¬ 和 ∧ 这两个符号。

稍稍来体会一下证明定理时的感受吧。思考一下被称为同一律的定理 P⊃P 的证明。

问： 是要证明 P⊃P 吗？所谓 P⊃P，或许就是"如果沙丁鱼是鱼则沙丁鱼是鱼"或者"如果笛卡尔是傻瓜则笛卡尔是傻瓜"之类吧？这不是怎么证明都为真的理所当然之事吗？

答： 这既是公理系统这一思维方式的麻烦之处，也是其有趣之处。总之，如果不明白这一点，就理解不了公理系统这一思维方式。再稍微说明一下。

在稍稍了解公理系统的人中，或许也有人认为公理是不言自明的真理，并可以据此证明定理。对于持这种想法的人来说，公理系统 PL 就是公理 4，是以（A⊃B）⊃((A∨C)⊃(B∨C))为公理，并试图据此证明 P⊃P，这或许完全是多余之举。

但是，请丢掉这种想法。公理系统能够仅仅通过有限个公理、推理规则和定义去把握无限个有效式，其中是有要领存在的。公理系统 PL 以能够恰当证明命题逻辑的全部有效式也就是恒真式为目标，而公理就是作为其出发点的逻辑公式。公理也可以不是不言自明的真理。（什么是不言自明，什么不是不言自明，这也许本来就是一个比较主观的事情。）

有效式有无限多个。只要从中找出可以作为出发点的，剩下的就能够据此证明。这个可以作为出发点的有效式就是公理系统的关键之处。户田山和久《创制逻辑学》（名古屋大学出版会）（如果想要进一步学习逻辑学，我推荐这本书，尽管它非常厚）一书的第 260 页介绍了梅雷迪斯在 1953 年发表的公理系统。该公理系统中只有下面这一个公理。（表记法与户田山书中的有所不同。）

$$((((A\supset B)\supset(\neg C\supset\neg D))\supset C)\supset E)\supset((E\supset A)\supset(D\supset A))$$

这或许只能说是兴趣世界了。

我们来思考一下用公理系统 PL 证明 P⊃P 吧。请边回顾公理系统 PL 边往下进行。如果严格加以证明的话会相当费事，所以，我们就试着稍稍证明一下。

可以先这么想。

① 因为公理 2 "A⊃(A∨B)"，所以 P⊃(P∨P)。
② 因为公理 1 "(A∨A)⊃A"，所以 (P∨P)⊃P。
③ 因为①和②，所以 P⊃P。

①是在公理 2 "A⊃(A∨B)" 的 A 中代入 P，在 B 中也代入 P。②是单纯地在公理 1 "(A∨A)⊃A" 的 A 中代入 P。

问： 在 A 中代入 P，在 B 中也代入 P 吗？不是在同一个字母中代入同一个逻辑公式吗？

答： 嗯，就是在同一个字母中代入同一个逻辑公式。不过，是不是在不同的字母中不可以代入同一个逻辑公式呢？如果需要的话，在不同的字母中也可以代入同一个逻辑公式。

那么，是不是用①②③就能够证明 P⊃P 了呢？这样还不行。③"因为①和②，所以 P⊃P"尚未被证明。

问： 根据 A⊃B 和 B⊃C 能够得出 A⊃C，这不是前面学过的"推移律"吗？不可以使用推移律吗？

答： 你还记得呀？正是如此，就是推移律，可是还没有被证明。这也是必须在证明之后才能使用。

第 31 章 公理系统

　　这里的关键点是公理系统。为什么需要逻辑学这样的学问呢？那是因为虽然一些头脑聪明的人可以非常沉着冷静地认真思考，但仍有可能不够具有逻辑性。（因为天才也是人啊。）当思维有些混乱的时候，或许我们也会采取将事情悉数写出之类的办法吧。公理系统就是这样的，这里用了怎样的推理，那里是什么样的前提发挥了作用，将这些悉数写出，一一加以分析，以便普通人也能判断其正确性。

　　所以，在公理系统 PL 中，只能使用四个公理、一个推理规则和两个定义，其他都不可以使用，必须百分之百地遵守这一点。已经被证明的定理之后就可以使用了，但尚未被证明的，即使再怎么认为正确，也不可以使用。

　　因此，要想用公理系统 PL 去证明 P⊃P，还必须再去证明推移律。但是，这相当复杂，此处暂且省略。一旦习惯了用公理系统去证明定理，就能够相当轻松地完成证明，本书暂且不谈证明问题。倘若想要试着去证明，我推荐一种更加容易证明的公理系统——"自然演绎"。我的《逻辑学》（东京大学出版会）这本书中，出了各种各样需要使用稍微涉及自然演绎这一公理系统的证明问题。有兴趣者可以去挑战一下。

　　但是，用公理系统证明定理在逻辑学中并不是那么重要的课题。重要的是理解公理系统这一观念。公理系统 PL 的目标是将命题逻辑的所有恒真式都恰当地变成定理。

　　因此，逻辑学必须做的事情就是证明公理系统 PL 可靠且完全。可靠性比较容易证明，但完全性的证明却相当费劲，也没有那么简单。这已经超出了逻辑学入门教程的范围，我们就讲到这里吧。

问： 证明公理系统的完全性也是使用公理和推理规则吗？如果这样的话，会觉得有点儿奇怪。

答： 这是非常重要的一点。倘若用还不清楚是否可靠的公理系统去证明该公理系统自身的可靠性，那的确不合适。

"证明"这件事，最好区分其中的两层不同意思。说证明可靠性和完全性时候的"证明"是普通意义上的证明。也就是，合理展示某件事情的正确性，以便谁都能够理解，这么说虽然有点儿不够明确，但也没有其他说法了。

与此相对，公理系统的"证明"具有独特意义。所谓证明定理，就是证明某个逻辑公式是由公理和推理规则导出的。在这个意义上还不叫"证明"，或者还是只说是"导出"比较好。刚刚介绍的户田山君的《创制逻辑学》中，在公理系统中导出定理叫作"proof"，区别于证明完全性之类的"证明"。这本书中还出了一些"列出下列逻辑公式的proof"之类的问题。我的《逻辑学》一书中将公理系统中的定理导出作为"形式的证明"，将完全性证明之类的证明作为"非形式的证明"或者"实质的证明"稍微进行了分析（205～207页）。如果有人想要对这个话题做进一步了解的话，可作为参考。

31.3 不完全性定理

我们的逻辑学入门"行程"到此结束。接下来就要踏入逻辑学这座大山的深处了。所以，最后介绍一下从我们目前所站之处能够仰望到的远处的更高的山峰。当然，并不是说现在就要去攀登。只是希望大家一边看着那座美丽的山峰，一边感受逻辑学这门学问的深奥。

那座山峰的名字是"不完全性定理"。对于命题逻辑，我们可以制作出完全的公理系统，也就是使所有恒真式都成为定理的公理系统。例如，公理系统 PL 就是如此。对于谓词逻辑，我们也可以制作出完全的公理系统。但是，对于数学，据说无论怎么做都无法制作出完全的公理系统。1931 年，库尔特·哥德尔（1906—1978）已经证明了这一点。

实际上，谓词逻辑已经非常接近数学了。如果给它加上等号"="和自然数的公理，它就会成为自然数论这样的数学。加上等号后，作为谓词逻辑的扩展，还可以看作逻辑学的范围，但一旦加入数，就会成为关于数的学问，也就是数学。

于是，虽然逻辑学能够创制完全的公理系统，但一旦扩展到数学，那就无法创制完全的公理系统了。

不过，稍微慎重地说一下：对于命题逻辑，只有将命题符号解释为具体命题，才会成为能判断真假的命题，在谓词逻辑中，只有给出谓词符号等的解释，才会成为命题。并且，我们将有效式定义为"不管怎么解释都势必为真的逻辑公式"。但是，自然数论的表达式已经是能判断真假的命题，例如，"1+1=2"是真，"7可以被2除尽"是假。也就是说不需要解释，或者已经解释完了。

所以，针对"有效式全都是定理"这一逻辑学公理系统的完全性定理并不能直接适用于数学。哥德尔加以证明的，准确来说的话，可概括如下。

对于自然数论，无论创制什么样的公理系统，就算制作出某个命题 G，G 是自然数论的命题，G 和 ¬G 也都成不了那个公理系统的定理。

G 是真和假中的一种，也就是说，G 和 ¬G 中的一项为真。可是，这个公理系统并不会使 G 和 ¬G 成为定理。意思就是，在该公理系统中，存在不能作为定理加以证明的自然数论的真理。这正是哥德尔不完全性定理所讲的不完全性。

因为不能好好地证明，所以就只能笼统地加以言说，那样的命题 G 便是意为"G 在该公理系统中无法证明"的命题。如此一来会怎样呢？请大家思考一下。

G：G 在该公理系统中无法证明。

如果 G 能够证明，由于"G 无法证明"这一说法已经能够被证明了，所以就出现了矛盾。所以, G 无法证明。

¬G 能够证明吗？¬G 是"G 无法证明"的否定，所以就成了"G 可以证明"。因此，一旦 ¬G 被证明，"G 可以证明"就被证明了。也就是说，¬G 和 G 都可以证明，这也矛盾。

所以，G 和 ¬G 都无法证明这一点得到证明。不好意思，是不是听得有点儿迷糊？不过，也很有趣吧？这样有趣的逻辑世界等着大家去一探究竟呢！

练习问题的

解 答

练习问题1 （1）○★1 （2）○ （3）× （4）○ （5）× （6）× （7）○★2

★1 品川站在港区。

★2 赖账是民事事件，不属于犯罪。但是，如果一开始便打算赖账的话，就会构成欺诈罪。总之，千万不要这么做。

练习问题2 （1）× （2）○ （3）○ （4）×

练习问题3 （1）○ （2）○ （3）○★3

★3 这是一个根据假前提进行正确演绎而得出真结论的例子。虽然有时会说"根据假前提进行正确演绎，会得出假结论"，但其实并非如此。

练习问题4 因为"白须君很诚实"为假并不是只有"白须君爱撒谎"这一种情况，还包括"白须君虽不能说诚实，但也不爱撒谎"之类的情况。★4

★4 对于"虽不能说诚实，但也不爱撒谎"的情况，一般也许会想到虽然有时撒谎但并不太频繁之类的情况，但是，有的学生竟然给出了"白须君非常沉默寡言"以及"白须君是婴儿"这样的答案，我真不知该说什么好了。

练习问题5

（1）织女星是恒星，并且，天狼星是恒星。★5

（2）海豚不是鱼，并且，鲸鱼不是鱼。

（3）濑户君养着狗，或者，濑户君养着猫。

★5 织女星是构成夏季大三角的星星之一，天狼星是构成冬季大三角的星星之一。

练习问题6 ①

练习问题7 ②*★6*

★6 一旦否定了"不"就会成"是"。请大家想一想双重否定与肯定等值的双重否定律。顺便说一下，东京迪士尼乐园和东京德国村都在千叶县。

练习问题8

（1）not P：相马君打高尔夫，或者，相马君不打棒球。

（2）not P：田所君不是素食主义者，并且，田所君喜欢吃肉。

（3）not P：热海不在静冈县，或者，汤河原不在静冈县。 ★7

（4）not P：火星上不存在生命体，并且，木星上不存在生命体。

★7 汤河原在神奈川县。

练习问题9 寺尾君属于剑道部。

练习问题10 该推理基于"如果户田君不喜欢我，户田君就讨厌我"这一观点而推导出结论，但"如果不喜欢就讨厌"这样的推理是错误的，还有"既不喜欢也不讨厌"的情况存在。

练习问题11 （2）(3) ★8

★8 "因为鲸鱼是胎生"并不是假定。"因为"是陈述理由的词语。先陈述事实说"鲸鱼是胎生"，再进一步指出该事实说明鲸鱼有肚脐，这不是假言命题。肚脐是帮助胎儿从母体获取营养的，所以，胎生动物有肚脐。

练习问题 12

（1）A 的相反：如果我家的电费上升，我家就漏电。

A 的倒换：如果我家不漏电，我家的电费就不上升。

A 的对偶：如果我家的电费不上升，我家就不漏电。

（2）A 的相反：如果野上君没有选举权，野上君就不到 18 岁。

A 的倒换：如果野上君满 18 岁，野上君就有选举权。

A 的对偶：如果野上君有选举权，野上君就满 18 岁。★9

★9 或许也有人会将"不到 18 岁"写成"18 岁以下"。可惜，"满 18 岁"包含 18 岁。所以，其否定是截止到 17 岁，不包含 18 岁。"18 岁以下"的话，包含 18 岁，所以，准确地说，"不到 18 岁"就是"未满 18 岁"。

练习问题 13

（1）A 的相反：蔬菜是西红柿。

A 的倒换：如果不是西红柿就不是蔬菜。

A 的对偶：如果不是蔬菜就不是西红柿。

（2）A 的相反：如果不在天空中飞翔就是鸵鸟。

A 的倒换：如果不是鸵鸟就在天空中飞翔。

A 的对偶：如果在天空中飞翔就不是鸵鸟。

练习问题 14

（1）如果不是哺乳类或者不是卵生就不是鸭嘴兽。

（2）如果不变得很沉默，芳贺君就既不饿也不困。

练习问题 15　（1）×　（2）×　（3）○★10

★10（1）使用了倒换的推理。（2）使用了相反的推理。

练习问题 16 （1）× （2）○ ★11 （3）×

★11 如果跟团子虫很像，但碰它不蜷曲，那应该是潮虫。

练习问题 17

（1）回声号会在三岛站停，但并没有说只有回声号在三岛站停。所以，不能根据在三岛站停就得出该列车是回声号的结论。这是使用了相反的结论。

（2）同理，也不能因为不是回声号就得出该列车不在三岛站停的结论。这是使用了倒换的推理。★12

★12 拿新干线来讲，光号列车的一部分也在三岛站停车。此外，东海道本线和伊豆箱根铁道也在三岛站停车。

练习问题 18 （1）○ ★13 （2）× ★14 （3）○ ★15

★13 如果没有学宗教学，也就没有"学逻辑学和宗教学"，所以，利用对偶论证法可以得出没有学哲学的结论。

★14 也可能是有时间却没有钱。

★15 利用对偶论证法，可以说 A 套餐和 B 套餐都没有点。因此，可以得出点的午餐不是 A 套餐的结论。

练习问题 19

（1）根据①和②，利用推移律，能够得出上海亭休息的日子午饭就在来来轩吃的结论。（1）是正确的演绎。

（2）根据①的对偶可知，不在来来轩吃午饭的日子来来轩不营业。根据②的对偶可知，来来轩不营业的日子上海亭不休息。但是，据此并不能知道是否在上海亭吃午饭。所以，（2）不能正确地演绎出来。

练习问题 20

（1）根据②可知，如果打工或课外活动太忙就无法去上课。所以，如果课外活动太忙就无法去上课。根据①可知，如果不能去上课就无法取得学分。所以，可以得出如果课外活动太忙就无法取得学分的结论。（1）是正确的演绎。

（2）与（1）做同样的思考便可得出如果打工太忙就无法取得学分的结论。由此采用对偶，就可以得出如果取得了学分，就说明打工不忙的结论。（2）也是正确的演绎。

练习问题 21 根据③可知，我的课选修者很少，也就是选修者不多。据此和②利用对偶论证法就可以推导出我的课不受学生欢迎。据此和①利用对偶论证法就可以推导出我的课是"not（有趣且有益）的课"。如果使用德·摩根定律，就知道我的课是"没有趣或者没有益的课"，再根据③可知我的课有益，因此，利用排除法就可以得出我的课没有趣的结论。所以，这是正确的演绎。

练习问题 22 取②的对偶可知，不乘坐太空山过山车的人要么未曾去过迪士尼乐园，要么谈不上喜欢轨道飞车。根据①的对偶可知，如果未曾去过迪士尼乐园，就可以说不是迪士尼迷，但保坂君可能虽然是迪士尼迷却不喜欢轨道飞车，因此未曾乘坐过太空山过山车。所以，根据①～③不能正确演绎出结论"保坂君不是迪士尼迷"。

练习问题 23 假设安近君逻辑学不及格。根据该假定和①利用对偶论证法，可以推导出安近君宗教学及格了。根据这一点和②利用对偶论证法，可以推导出安近君哲学不及格。

根据这一点和③,可以推导出安近君逻辑学及格了或者宗教学不及格,根据假定可知安近君逻辑学不及格,因此,利用排除法可以推导出安近君宗教学不及格。★16 根据这一点和①可以推导出安近君逻辑学及格了,可这与假设相矛盾。所以,假定被否定,继而可以得出安近君逻辑学及格的结论。(也有其他解法。)

★16 根据这一步就可以推导出矛盾:安近君宗教学及格了,并且,不及格。

练习问题 24 (1)单称命题 (2)全称命题★17 (3)全称命题 (4)单称命题 (5)存在命题★18 (6)存在命题★19

★17 此命题为假。

★18 带鱼没有鳞。

★19 不但如此,好像还有上映时间长达 1 个月的电影。

练习问题 25 (1)× (2)○ (3)× (4)○ (5)×

练习问题 26 ③

练习问题 27 ②

练习问题 28
(1)有是 B 型但不任性的人。(2)所有的鸟都是卵生。

练习问题 29 (1)(d) (2)(b) (3)(c) (4)(a)

练习问题 30 (1)○ (2)× (3)○ (4)×

练习问题 31 P:①真,②真,③假,④假;Q:①假,

②假，③真，④假

练习问题 32 ④

练习问题 33 ②

练习问题 34 ③

练习问题 35 ②

练习问题 36 （1）② （2）① （3）① （4）② （5）② （6）① （7）② （8）① （9）②

练习问题 37 （1）② （2）③ （3）①

练习问题 38

形式："a 是 b 的孩子。所以，b 是 a 的父 / 母。"

逻辑常项："……是……的孩子""……是……的父 / 母"。

练习问题 39

（1）形式："a 是女演员。所以，a 是演员。"

　　逻辑常项："……是女演员""……是演员"。

（2）形式："如果 P 则 Q。如果 Q 则 R。所以，如果 P 则 R。"

　　逻辑常项："如果"[20]。

★20 "并非"在这个演绎中并非逻辑常项。

练习问题 40 （1）¬P∧Q （2）P∧¬Q （3）¬P∧¬Q （4）¬(P∧Q)

练习问题 41 （1）假 （2）真 （3）假 （4）假 （5）真

练习问题 42

P	¬P	P∨¬P
1	0	1
0	1	1

练习问题 43

P	Q	P∨Q	¬(P∨Q)	¬P	¬Q	¬P∧¬Q
1	1	1	0	0	0	0
1	0	1	0	0	1	0
0	1	1	0	1	0	0
0	0	0	1	1	1	1

根据真值表可知，¬(P∨Q) 为真时 ¬P∧¬Q 也为真，¬(P∨Q) 为假时 ¬P∧¬Q 也为假。也就是 ¬(P∨Q) ≡ ¬P∧¬Q。

练习问题 44

P	Q	¬P	¬Q	P⊃Q	Q⊃P	¬P⊃¬Q	¬Q⊃¬P
1	1	0	0	1	1	1	1
1	0	0	1	0	1	1	0
0	1	1	0	1	0	0	1
0	0	1	1	1	1	1	1

练习问题 45

P	Q	P⊃Q	(P⊃Q)∧P	((P⊃Q)∧P)⊃Q
1	1	1	1	1
1	0	0	0	1
0	1	1	0	1
0	0	1	0	1

根据真值表可知，((P⊃Q)∧P)⊃Q 恒为真，所以是恒真式。

练习问题 46

P	Q	P⊃Q	¬Q	(P⊃Q)∧¬Q	¬P	((P⊃Q)∧¬Q)⊃¬P
1	1	1	0	0	0	1
1	0	0	1	0	0	1
0	1	1	0	0	1	1
0	0	1	1	1	1	1

根据真值表可知,((P⊃Q)∧¬Q)⊃¬P 恒为真,所以是恒真式。

练习问题 47

(1)用逻辑公式表示所给推理就是(P∧Q)⊃Q。

P	Q	P∧Q	(P∧Q)⊃Q
1	1	1	1
1	0	0	1
0	1	0	1
0	0	0	1

因为是恒真式,所以,问题中的推理是正确的演绎。

(2)用逻辑公式表示所给推理就是(P∨Q)⊃Q。

P	Q	P∨Q	(P∨Q)⊃Q
1	1	1	1
1	0	1	0
0	1	1	1
0	0	0	1

因为不是恒真式,所以,问题中的推理不是正确的演绎。

(3)用逻辑公式表示所给推理就是((P⊃Q)∧¬P)⊃¬Q。

P	Q	P⊃Q	¬P	(P⊃Q)∧¬P	¬Q	((P⊃Q)∧¬P)⊃¬Q
1	1	1	0	0	0	1
1	0	0	0	0	1	1
0	1	1	1	1	0	0
0	0	1	1	1	1	1

因为不是恒真式,所以,问题中的推理不是正确的演绎。

(4) 用逻辑公式表示所给推理就是 ((P∨Q)∧(Q⊃P))⊃P。

P	Q	P∨Q	Q⊃P	(P∨Q)∧(Q⊃P)	((P∨Q)∧(Q⊃P))⊃P
1	1	1	1	1	1
1	0	1	1	1	1
0	1	1	0	0	1
0	0	0	1	0	1

因为是恒真式,所以,问题中的推理是正确的演绎。

练习问题 48

P	Q	P⊃Q	Q⊃P	(P⊃Q)∧(Q⊃P)
1	1	1	1	1
1	0	0	1	0
0	1	1	0	0
0	0	1	1	1

$P \equiv Q$ 的真值表如下所示。

P	Q	P ≡ Q
1	1	1
1	0	0
0	1	0
0	0	1

比较两者可知,(P⊃Q)∧(Q⊃P) 与 $P \equiv Q$ 是一样的。

练习问题 49

(1) A=¬P⊃(P⊃Q)

P	Q	¬P	P⊃Q	A
1	1	0	1	1
1	0	0	0	1
0	1	1	1	1
0	0	1	1	1

（2） A=(P∨¬Q)∨(¬P∧Q)

P	Q	¬Q	P∨¬Q	¬P	¬P∧Q	A
1	1	0	1	0	0	1
1	0	1	1	0	0	1
0	1	0	0	1	1	1
0	0	1	1	1	0	1

（3） A=((P⊃Q)∧(¬P⊃Q))⊃Q

P	Q	P⊃Q	¬P	¬P⊃Q	(P⊃Q)∧(¬P⊃Q)	A
1	1	1	0	1	1	1
1	0	0	0	1	0	1
0	1	1	1	1	1	1
0	0	1	1	0	0	1

练习问题 50

（1） A=((P∧Q)∨R)⊃(P∨R)

P	Q	R	P∧Q	(P∧Q)∨R	P∨R	A
1	1	1	1	1	1	1
1	1	0	1	1	1	1
1	0	1	0	1	1	1
1	0	0	0	0	1	1
0	1	1	0	1	1	1
0	1	0	0	0	0	1
0	0	1	0	1	1	1
0	0	0	0	0	0	1

（2）A=((P∨Q)⊃R)∨¬R

P	Q	R	P∨Q	(P∨Q)⊃R	¬R	A
1	1	1	1	1	0	1
1	1	0	1	0	1	1
1	0	1	1	1	0	1
1	0	0	1	0	1	1
0	1	1	1	1	0	1
0	1	0	1	0	1	1
0	0	1	0	1	0	1
0	0	0	0	1	1	1

（3）A=((P∨Q)∧((P⊃R)∧(Q⊃R)))⊃R
　　B=(P∨Q)∧((P⊃R)∧(Q⊃R))

P	Q	R	P∨Q	P⊃R	Q⊃R	(P⊃R)∧(Q⊃R)	B	A
1	1	1	1	1	1	1	1	1
1	1	0	1	0	0	0	0	1
1	0	1	1	1	1	1	1	1
1	0	0	1	0	1	0	0	1
0	1	1	1	1	1	1	1	1
0	1	0	1	1	0	0	0	1
0	0	1	0	1	1	1	0	1
0	0	0	0	1	1	1	0	1

练习问题 51 A=((Q⊃P)∧¬(R∧S))⊃((Q∨R)⊃(S⊃P))

P Q R S	Q⊃P	R∧S	¬(R∧S)	(Q⊃P)∧¬(R∧S)	Q∨R	S⊃P	(Q∨R)⊃(S⊃P)	A
1 1 1 1	1	1	0	0	1	1	1	1
1 1 1 0	1	0	1	1	1	1	1	1
1 1 0 1	1	0	1	1	1	1	1	1
1 1 0 0	1	0	1	1	1	1	1	1
1 0 1 1	1	1	0	0	1	1	1	1
1 0 1 0	1	0	1	1	1	1	1	1
1 0 0 1	1	0	1	1	0	1	1	1
1 0 0 0	1	0	1	1	0	1	1	1
0 1 1 1	0	1	0	0	1	0	0	1
0 1 1 0	0	0	1	0	1	1	1	1
0 1 0 1	0	0	1	0	1	0	0	1
0 1 0 0	0	0	1	0	1	1	1	1
0 0 1 1	1	1	0	0	1	0	0	1
0 0 1 0	1	0	1	1	1	1	1	1
0 0 0 1	1	0	1	1	0	0	1	1
0 0 0 0	1	0	1	1	0	1	1	1

练习问题 52

（1）阿杏是猫。

（2）阿杏不研究哲学。

（3）阿杏研究哲学，或者，笛卡尔研究哲学。

（4）如果笛卡尔是猫，则笛卡尔不研究哲学。

练习问题 53

（1）所有的人都研究哲学。

（2）并不是所有的人都研究哲学。

（3）所有的人都不研究哲学。

（4）有研究哲学的人（有人研究哲学）。

（5）研究哲学的人不存在。

（6）有不研究哲学的人（有人不研究哲学）。★21

★21 可能也有人回答"也有不研究哲学的人"，但是一旦加上"也"，就会出现"既有研究哲学的人，也有不研究哲学的人"这层含义。然而，∃x¬Fx 中并不包含 ∃xFx 的意思，所以，答案必须是"有不研究哲学的人"，而不是"也有不研究哲学的人"。

练习问题 54

（1）有在天上飞的动物，并且，有在水里游的动物。

（2）有在天上飞并且在水里游的动物。

（3）如果不是所有的动物都在天上飞，那就存在不在天上飞的动物。

练习问题 55　（1）Ga　（2）¬∀xFx　（3）∃x(Gx∧Fx)（∃x(Fx∧Gx) 也是正确答案。）

练习问题 56

（1）所有的乌龟都走得快。

（2）所有的乌龟都走不快。

（3）并不是所有的乌龟都走得快。

（4）有是乌龟并且走得快的动物（有走得快的乌龟）。

（5）有是乌龟并且走不快的动物（有走不快的乌龟）。

（6）没有是乌龟并且走得快的动物（没有走得快的乌龟）。

练习问题 57

（1）∀x(Fx⊃Gx)　（2）¬∀x(Fx⊃Gx)

（3）∃x(Fx∧Gx)（∃x(Gx∧Fx)也是正确答案。）

（4）∃x(Fx∧¬Gx)（∃x(¬Gx∧Fx)也是正确答案。）

练习问题 58

（1）解释为"所有的鸟都在天上飞"。因为也有不在天上飞的鸟，所以，此时为假。

（2）解释为"所有的鸟都是卵生"，为真。

练习问题 59

（1）解释为"有的日本人结婚"（或者"有结婚的日本人"），所以，此时为真。

（2）解释为"有的独身者结婚"（或者"有独身且结婚的人"），所以，此时为假。

练习问题 60　(∀x(Fx⊃Gx)∧Fa)⊃Ga

练习问题 61　论域不做特别限定。设定 Fx 为"x 是卷心菜"，Gx 为"x 是沙丁鱼"。此时，所给逻辑公式就会成为"如果既存在卷心菜又存在沙丁鱼，那就存在既是卷心菜也是沙丁鱼的事物"，为假。因为存在使命题为假的解释，所以，所给逻辑公式并非有效式。★22

★22 还有其他各种各样的解答。

练习问题 62　有的人爱所有人。（有爱所有人的人。）

练习问题 63

（1）有给所有人都寄了信的人。★23

（2）有所有人都给其寄了信的人。（有收到了所有人来信的人。）

★23 因为"所有的人"中也包含自己，所以，为了使该解释为真，那个人也必须给自己寄信。

练习问题 64　②

练习问题 65

（1）对于任何自然数来说，都存在比其大的自然数。真。

（2）对于任何自然数来说，都存在比其小的自然数。假。

（3）不存在比所有自然数都大的自然数。真。

（4）有的自然数，不存在比其小的自然数。真。★24

★24 自然数分两种情况，一种是从 0 开始，一种是从 1 开始，如果从 1 开始，就没有比 1 小的自然数，如果从 0 开始，就没有比 0 小的自然数。

会计极速入职晋级

书号	定价	书名	作者	特点
66560	49	一看就懂的会计入门书	钟小灵	非常简单的会计入门书；丰富的实际应用举例，贴心提示注意事项，大量图解，通俗易懂，一看就会
44258	49	世界上最简单的会计书	（美）穆利斯 等	被读者誉为最真材实料的易懂又有用的会计入门书
71111	59	会计地图：一图掌控企业资金动态	（日）近藤哲朗 等	风靡日本的会计入门书，全面讲解企业的钱是怎么来的，是怎么花掉的，要想实现企业利润最大化，该如何利用会计常识开源和节流
59148	49	管理会计实践	郭永清	总结调查了近1000家企业问卷，教你构建全面管理会计图景，在实务中融会贯通地去应用和实践
70444	69	手把手教你编制高质量现金流量表：从入门到精通（第2版）	徐峥	模拟实务工作真实场景，说透现金流量表的编制原理与操作的基本思路
69271	59	真账实操学成本核算（第2版）	鲁爱民 等	作者是财务总监和会计专家；基本核算要点，手把手讲解；重点账务处理，举例综合演示
57492	49	房地产税收面对面（第3版）	朱光磊 等	作者是房地产从业者，结合自身工作经验和培训学员常遇问题写成，丰富案例
69322	59	中小企业税务与会计实务（第2版）	张海涛	厘清常见经济事项的会计和税务处理，对日常工作中容易遇到重点和难点财税事项，结合案例详细阐释
62827	49	降低税负：企业涉税风险防范与节税技巧实战	马昌尧	深度分析隐藏在企业中的涉税风险，详细介绍金三环境下如何合理节税。5大经营环节，97个常见经济事项，107个实操案例，带你活学活用税收法规和政策
42845	30	财务是个真实的谎言（珍藏版）	钟文庆	被读者誉为最生动易懂的财务书；作者是沃尔沃原财务总监
64673	79	全面预算管理：案例与实务指引（第2版）	龚巧莉	权威预算专家，精心总结多年工作经验 / 基本理论、实用案例、执行要点，一册讲清 / 大量现成的制度、图形、表单等工具，即改即用
61153	65	轻松合并财务报表：原理、过程与Excel实战	宋明月	87张大型实战图表，手把手教你用EXCEL做好合并报表工作；书中表格和合并报表的编制方法可直接用于工作实务！
70990	89	合并财务报表落地实操	蔺龙文	深入讲解合并原理、逻辑和实操要点；14个全景式实操案例
69178	169	财务报告与分析：一种国际化视角	丁远	从财务信息使用者角度解读财务与会计，强调创业者和创新的重要作用
69738	79	我在摩根的收益预测法：用Excel高效建模和预测业务利润	（日）熊野整	来自投资银行摩根士丹利的工作经验；详细的建模、预测及分析步骤；大量的经营模拟案例
64686	69	500强企业成本核算实务	范晓东	详细的成本核算逻辑和方法，全景展示先进500强企业的成本核算做法
60448	45	左手外贸右手英语	朱子斌	22年外贸老手，实录外贸成交秘诀，提示你陷阱和套路，告诉你方法和策略，大量范本和实例
70696	69	第一次做生意	丹牛	中小创业者的实战心经；赚到钱、活下去、管好人、走对路；实现从0到亿元营收跨越
70625	69	聪明人的个人成长	（美）史蒂夫·帕弗利纳	全球上亿用户一致践行的成长七原则，护航人生中每一个重要转变